Sitzungsberichte
der Akademie der Wissenschaften
der DDR
Mathematik – Naturwissenschaften – Technik

1 N

1988

Forschungsergebnisse aus der organischen Chemie

Alfred Rieche zum 85. Geburtstag

AKADEMIE-VERLAG BERLIN

Sitzungsberichte
der Akademie der Wissenschaften
der DDR
Mathematik – Naturwissenschaften – Technik

Jahrgang 1988 · Nr. 1/N

Forschungsergebnisse aus der organischen Chemie

Alfred Rieche zum 85. Geburtstag

AKADEMIE-VERLAG BERLIN
1988

Vorträge des Festkolloquiums
am 7. Mai 1987 anläßlich des
85. Geburtstages von Alfred Rieche,
Ordentliches Mitglied der AdW der DDR,
veranstaltet vom Zentralinstitut für
Organische Chemie der AdW der DDR unter
Beteiligung der Klasse Chemie

Herausgegeben im Auftrage
des Präsidenten der Akademie
der Wissenschaften der DDR
von Vizepräsident Prof. Dr. Heinz Stiller

ISBN 3-05-500515-5
ISSN 0138-3965
Erschienen im Akademie-Verlag Berlin, Leipziger Straße 3–4, Berlin, DDR-1086

Lizenznummer: 202 · 100/359/88
Printed in the German Democratic Republic
Gesamtherstellung: VEB Druckhaus Köthen
LSV 1275
Bestellnummer: 763 848 2 (2010/88/1/N)
00800

Inhalt

Ernst Schmitz

Laudatio

Sehr verehrter Herr Rieche, liebe Frau Rieche, liebe Akademiemitglieder, liebe ZIOC-Angehörige, liebe Gäste!

Es liegt in der Natur der Sache, daß die Laudatio zu einem 85. Geburtstag von einem jüngeren Kollegen vorgetragen wird. Ich bitte daher als erstes um Nachsicht, wenn ich als Vertreter der jüngeren Generation vielleicht einiges anders sehe oder anders formuliere als es ein Gleichaltriger tun würde. Aber es ist vielleicht ein sehr wichtiger Punkt im Verhältnis der jüngeren Generation zur älteren Generation, wenn wir die Erlebnisse und Erfahrungen der Älteren erhalten und einbringen in unser Bild von einer sicherlich veränderten Welt.

Sie wurden 1902 geboren. Schon Ihr Vater war Chemiker. Man kann darüber streiten, ob die Chemie in diesem Falle doch in den Chromosomen verankert war; später wurde es bestritten. Ihr erstes Lebensjahrzehnt steht sicher in Ihrer Erinnerung als eine Zeit besonderer Stabilität, die sich aber wenig später als trügerisch erweisen sollte. Es kam der erste Weltkrieg, der vieles zerstörte, aber Ihren Jahrgang nicht mehr bis zur letzten Konsequenz heimsuchte.

Abitur und Studium fielen in die ersten Nachkriegsjahre. Sie durften erleben, wie der wissenschaftliche Enthusiasmus einer jungen Generation, orientiert an den Vorbildern weltbekannter Gelehrter, die Naturwissenschaft zu einer Blüte führte. Es war ein wissenschaftliches Kraftfeld entstanden, in dem die Funken sprühten, in Göttingen, in Berlin, in München, aber auch an kleineren Universitäten, an denen Sie studierten, in Greifswald und später in Erlangen. Geistige Kommunikation und personelle Fluktuation hielten damals auch die kleineren Universitäten auf einem hohen geistigen Potential. Ich erwähne nur, daß Ihr Lehrer Pummerer Schüler Richard Willstätters war und daß Sie also ein wissenschaftlicher Urenkel des Altmeisters Liebig sind.

In Erlangen entstanden Ihre ersten wissenschaftlichen Arbeiten, Ihre 1925 beendete Promotion über „einwertigen Sauerstoff", vor allem aber die bald darauf begonnenen Arbeiten über organische Peroxide, die einer der tragenden Pfeiler Ihres wissenschaftlichen Lebenswerkes wurden. Der einwertige Sauerstoff lag nicht nur Ihrer ersten Arbeit zugrunde, sondern auch einer Ihrer letzten Publikationen, als Sie mit Landbeck die Elektronen-Spinresonanz eines Radikals untersuchten. Damals in Erlangen aber hatten Sie sich die Aufgabe gestellt, die strukturell einfachsten Peroxide zu synthetisieren und zu untersuchen. Die einfachsten Peroxide hieß in diesem Falle aber auch die explosivsten Peroxide. Hier kam Ihnen nicht nur die Freude am wissenschaftlichen Abenteuer zugute, sondern auch Ihre Beobachtungsgabe und eine Schulung in Mikroanalytik, die Sie bei Pregl in Graz absolviert hatten. Ein weiterer Studienaufenthalt, der Sie bei Waldschmidt-Leitz in München mit biochemischen Arbeitsrichtungen vertraut machte, sollte sich in einer späteren Etappe Ihrer Forschung auswirken.

Es ist viel über den geeignetsten Zeitpunkt einer Grundlagenforschung diskutiert worden. Bei Ihren Peroxidarbeiten kann man ohne lange Diskussion sagen, daß Sie genau im richtigen Zeitpunkt zu den wissenschaftlichen Grundlagen dieses Gebietes vorstießen. 1930 erschien Ihre Habilitationsschrift über „Alkylperoxide und Ozonide", gerade an der Schwelle des Jahrzehnts, in dem die Peroxide als Initiatoren der Olefinpolymerisation Karriere machten. Die Bedeutung von Peroxiden und Autoxydationsvorgängen in vielen Bereichen der Chemie deutete sich damals erst an und wurde von Ihnen in wegweisenden Publikationen unterstrichen. 1937 wiesen Sie den Alkylhydroperoxiden ihre zentrale Stellung in den Autoxydationsvorgängen zu. In mehreren Verbindungsklassen waren sie damals gerade isoliert worden, in anderen fand man sie in den darauffolgenden Jahren. Etwas langsamer setzte sich die Erkenntnis durch, daß die Alkylhydroperoxide auch für Vorgänge wie das Altern von Kunststoffen, das Verderben von Fetten und das „Säuern" von Lösungsmitteln verantwortlich sind. Aber als die Mechanismen dieser Vorgänge zwanzig Jahre später geklärt waren, zeigte es sich, daß sie praktisch identisch waren mit den Mechanismen, die Sie für die Autoxydation einfacher Verbindungen nachgewiesen hatten. Das gilt auch für Peroxide und ihre Folgeprodukte im Organismus.

Talentsucher der Industrie waren bald auf Sie aufmerksam geworden, und schon mit 31 Jahren wurden Sie Leiter des Laboratoriums der Zwischenproduktenabteilung in der Farbenfabrik Wolfen. Der Entschluß, die Hochschullaufbahn aufzugeben, mag erleichtert worden sein durch die heraufziehende Intoleranz des sich etablierenden Faschismus, die das Arbeitsklima an den Universitäten schneller verdarb als das der Industrie. Eine um die gleiche Zeit angeregte Berufung auf einen Lehrstuhl in München war nicht zustande gekommen.

Die Forschung auf dem Zwischenproduktengebiet war das ideale Arbeitsfeld für einen vielseitig begabten Chemiker, der sich gleichermaßen für wissenschaftliche und anwendungstechnische Dinge interessierte. Hier kreuzten sich die Wünsche eines Industriezweiges mit dem Angebot an Möglichkeiten. Für Farbstoffe waren neue Zwischenprodukte zu entwickeln; hier hatten Sie schon früher eine Talentprobe abgelegt mit der Synthese des Grundkörpers des Indanthrens. Später wuchsen aus dem Zwischenprodukten-Fundus der

Farbstoffproduktion die ersten Pflanzenschutzmittel. Weitere Produktgruppen, die zur Bearbeitung kamen, waren Riechstoffe, Gerbstoffe und Textilhilfsmittel. Die täglich gestellte Frage „Was kann man daraus machen" galt sowohl für sich anbietende Ausgangsprodukte als auch für wissenschaftliche Erkenntnisse. Beides sollte industriell verwertet werden und wurde verwertet.

Wenn eine neue technologische Lösung nötig wurde, haben Sie sie gebracht. Beispielsweise sollte Cyanursäure aus Harnstoff erzeugt werden. Das lief auf die kontinuierliche Abscheidung eines Festkörpers aus einer Schmelze hinaus. Sie entwickelten dafür mit Gnüchtel ein endloses Band aus Edelstahl.

Schon 1936 wurde eine neue Arbeitsrichtung aufgenommen, die weit in die Zukunft griff, die Verwertung von Abprodukten und die biologische Eiweißsynthese. Die Frage der Verwertung von Abprodukten – heute in aller Munde – war damals in Wolfen besonders prekär. Schon bei Gründung der Farbenfabrik hatte die Gemeinde Wolfen untersagt, Abwässer aus dem Werk zu lassen. Als gemeinsames Problem der beiden Wolfener Chemiewerke – Farbenfabrik und Filmfabrik – stand daher das Problem der Verwertung von Lignin und Abwässern der Celluloseproduktion. Sie nahmen sich dieser Probleme mit großer Initiative an, unterstützt von einer Gruppe von Mitarbeitern, unter denen ich nur den Namen Hilgetag nennen möchte. Sie brachten für diese Arbeiten nicht nur die chemischen Kenntnisse mit, sondern auch die in München erworbenen biochemischen Kenntnisse, vor allem aber die in der Industrie gereifte technologische Begabung. So konnten Sie die gestellten Probleme nicht nur chemisch lösen, sondern auch technologisch, und in Wolfen Eiweiß produzieren. Die angedeutete Möglichkeit, nicht nur unangenehme Abprodukte zu beseitigen, sondern auch wertvolle Stoffe zu gewinnen, ist so attraktiv, daß nach grundsätzlicher Lösung der Probleme technische Entwicklungen großen Stils ausgelöst wurden. Ich nenne hier die Verhefung von Buchenholz-Sulfitablauge in Wolfen und in Pirna, die Verhefung von Sulfitsprit-Schlempe, also erst Vergärung, dann Verhefung, die in Rosenthal ausgeführt wird, sowie die Melasseverhefung in Dessau und in Malchin. Auch in der Volksrepublik Polen und in Attisholz in der Schweiz laufen Verhefungsanlagen, die auf Ihren Vorarbeiten basieren. Und an jedem der genannten Orte weiß man, daß nach Rieche die Geschwindigkeit der Hefebildung der Anzahl der Zellen proportional ist, aber unabhängig von der Konzentration der Nährstoffe. Diese Arbeiten haben Ihnen jahrzehntelang besonders am Herzen gelegen.

Ihre Fähigkeit, an vielen Dingen gleichzeitig zu arbeiten und doch alle mit Initiative voranzubringen, setzt in Erstaunen. Neben den genannten Arbeiten haben Sie ja noch Lehrtätigkeit ausgeübt – Sie waren Privatdozent, später Professor an der Leipziger Universität – und haben Probleme, die zunächst als durchaus akademisch anzusprechen waren, aufgegriffen und bearbeitet. Hier kam Ihnen Ihre ausgesprochene Begabung als wissenschaftlicher Leiter zugute. Sie brachten in Ihrer Umgebung andere zu Leistungen, verstanden es, das Optimum zwischen Zieltreue und Eingehen auf das Unerwartete zu finden, und Sie brachten es vor allem fertig, daß in den von Ihnen geleiteten Kollektiven gern gearbeitet wurde. Initiative der Mitarbeiter wurde gefordert und gefördert und mit großer Geduld in die gewünschte Richtung gelenkt.

Das Ende des faschistischen Reiches brachte zunächst die Arbeit zum Erliegen. In den bald beginnenden Wiederaufbau unserer Industrie schalteten Sie sich aktiv ein. Es folgte eine Phase, in der Ihre Erfahrungen für den Aufbau der durch den Krieg schwer geschädigten Industrie der Sowjetunion gebraucht wurden. Von 1946–1951 waren Sie zusammen mit anderen Experten in Rubeshnaja tätig. Man weiß, daß Sie dort Ihre gewohnte Aktivität entfalteten. Sie führten auch dort Arbeiten auf dem Gebiet der Farbstoff-Zwischenprodukte durch.

In die DDR zurückgekehrt, nahmen Sie sofort wieder Ihre Tätigkeit in der Industrie auf, begannen aber bald, sich auch außerhalb des Betriebes zu engagieren. Sie hielten 1951 Vorlesungen in Halle; ein Jahr später erfolgte Ihre Berufung auf den Lehrstuhl für Technische Chemie der Universität Jena, dem Sie trotz aller Verpflichtungen bis zu Ihrer Emeritierung treu blieben.

Der Unterricht in chemischer Technologie war an den deutschen Universitäten lange ein Stiefkind gewesen. Vielleicht hatte es gar nicht an der nötigen Einsicht gefehlt, daß diese Ausbildung wichtig ist, sondern einfach an profilierten Leuten, die sowohl an der Hochschule als auch in der Industrie etwas darstellten. Hier waren Sie der richtige Mann, denn in beiden Institutionen hatten Sie nicht nur Talentproben gezeigt, sondern eine eindrucksvolle Position erreicht. Ihre Tätigkeit als Lehrer der chemischen Technologie hat über Jena hinaus Maßstäbe gesetzt. Davon legen nicht nur Ihre in vielen Betrieben unserer Republik tätigen Schüler Zeugnis ab, sondern auch Ihr Buch „Grundriß der technischen organischen Chemie", das inzwischen in einer russischen, einer englischen und einer spanischen Übersetzung vorliegt. Es verbindet Sachkenntnis mit einer Frische der Darstellung, die an Reportagen anklingt.

Die Verbindung von akademischer und industrieller Denkweise, die sich in Ihrer Person vollzogen hatte, wurde mehr und mehr bezeichnend für unsere Forschungseinrichtungen. Es wurde schon vor mehr als 30 Jahren klar, daß wir Wissenschaft nicht um ihrer selbst betreiben können, um dann darauf zu warten, daß die Lösung der gesellschaftlich wichtigen Fragen zur rechten Zeit vorlag. Die Frage „Was kann man daraus machen" mußte jedem auf den Nägeln brennen, der wissenschaftliche Ergebnisse erarbeitete. Es lag daher nahe, als man bald nach 1950 an die Gründung eines Akademieinstitutes für organische Chemie dachte, daß man die Leitung einem Manne übertrug, der den Prozeß von Forschung und Entwicklung vom Reagenzglas bis zur technischen Apparatur übersah und kreativ bearbeitet hatte.

Am 1. Oktober 1954 begann das Institut in Adlershof, das Sie mit so viel Hingabe eingerichtet hatten, seine Arbeit. Es war ein junges Institut; jung waren vor allem die Mitarbeiter, die Sie fast ausnahmslos als Diplomchemiker von den Universitäten holten. Die Zeit der Promotion war zugleich eine Probezeit, in der nicht nur auf Kenntnisse und Fleiß, sondern auch auf Kreativität und Kollegialität geachtet wurde.

Bei der Auswahl der Thematik knüpften Sie einerseits an die industriellen Probleme Ihrer Wolfener Zeit an. Beispielsweise fand die biologische Eiweißsynthese Eingang in das Institut (mit A. Martini und M. Lorenz). Auf dem Zwischenproduktengebiet starteten Sie mit H. Seeboth eine Untersuchung über die Bucherer-Reaktion, also die wechselseitige Überführung von Aminen und Phenolen, die bald zu der überraschenden Strukturaufklärung der Zwischenverbindungen führte. Mehrere junge Mitarbeiter lösten sich beim Einstieg in das Peroxidgebiet ab (E. Schmitz, M. Schulz, J. Dahlmann, Ch. Bischoff, E. Höft, E. Gründemann, K.-H. Schwarz, K. Kirschke), wobei schnell der Anschluß an internationale Entwicklungen hergestellt wurde und sich nach wenigen Jahren sowohl wissenschaftliche Höhepunkte wie der peroxidische Vierring und die metallorganischen Peroxide als auch wirtschaftliche Erfolge wie die selektiven Initiatoren mit peroxidischer Fünfringstruktur einstellten. Aus der Industrie kamen die Fragestellungen zur Struktur von Sulfonamiden und Thiophosphaten. Aus der Bearbeitung dieser Fragen (mit G. Hilgetag, H. Dorn, G. Lehmann und H. Teichmann) entwickelten sich synthetische Richtungen von Pharmazeutika und von Pflanzenschutzmitteln. Arbeiten auf dem Gebiet der Zwischenprodukte (mit H. Groß, R. Ohme, D. Martin, H. Schick, L. Redinger) reichten weit über die Startposition von Wolfener Zwischenprodukten hinaus. Die Bearbeitung dieser Probleme in einem Akademieinstitut konnte über kurzfristige Interessen eines einzelnen Betriebes hinausgreifen und wurde damit den Zwischenprodukten besonders gerecht, deren Charakteristikum gerade die mehrfache Anwendung ist. So wurden Beiträge für die pharmazeutische Industrie, für die Faserindustrie, für die Produktion von Aminosäuren und von Laborchemikalien erarbeitet. Erinnert sei beispielsweise an die elegante Synthese des Methyl-cyclopentandions, die den Weg zur technischen Totalsynthese von Steroidhormonen freimachte, die Untersuchung der Peroxidbildung des Caprolactams, die unsere Dederon-Produktion nach sorgenvollen Jahren endlich stabilisierte, die Entwicklung des Mesityloxidperoxids, das die Styrolpolymerisation so wirksam initiierte, daß eine Produktionserhöhung ohne Erweiterung der Anlage möglich wurde, und die Erarbeitung einer überraschend einfachen industriellen Synthese der Aminosäure Serin.

Das wissenschaftliche Niveau, auf dem diese Probleme bearbeitet wurden, verdiente Anerkennung. Auch in der Grundlagenforschung wurde Ihr Institut schnell für gute Leistungen bekannt. Hier erinnere ich an die Aufklärung von Reaktionsmechanismen der Bucherer-Reaktion, der Umlagerung von Thiophosphaten und bei der Synthese von Sulfonamiden, an die erstmalig gelungene Synthese von cyclischen Diazoverbindungen und von Cyansäureestern und an den Zuckerabbau über Peroxide. Diese Arbeiten haben den Stand der Grundlagenforschung in unserer Republik auch gegenüber dem Ausland überzeugend demonstriert und den Boden bereitet für die heutige internationale Kooperation.

Die Anerkennung für Ihre Arbeit blieb nicht aus. In den Berliner Jahren wurden Ihnen nationale und internationale Ehrungen zuteil. Sie wurden Korrespondierendes und 1959 Ordentliches Mitglied unserer Akademie, Mitglied der Deutschen Akademie der Naturforscher Leopoldina und der Heidelberger Akademie der Wissenschaften. 1957 erhielten Sie die Adolf-von-Baeyer-Denkmünze, 1959 den Nationalpreis, 1966 zwei Ehrendoktorate. Aber vielleicht war es die schönste Auszeichnung, daß Sie bei Ihren Schülern Leistungen induziert haben, die wiederum zu Auszeichnungen führten. Der Friedrich-Wöhler-Preis unserer Chemischen Gesellschaft fiel dreimal in Ihr Institut, der Nationalpreis ebenfalls dreimal.

Neun Ihrer Schüler der Berliner Zeit wurden Professoren.

Lieber Herr Rieche! Von der Würdigung Ihrer Person bin ich ganz unmerklich zur Würdigung des Institutes gekommen, das Sie gegründet und eineinhalb Jahrzehnte hervorragend geleitet haben. Ich glaube aber, daß es für Sie keine schönere Würdigung geben kann, als daß hier darauf hingewiesen wird, was Sie der nachfolgenden Generation hinterlassen haben. Der zahlreiche Besuch bei diesem Kolloquium zeigt, daß ich mit dieser Meinung nicht allein stehe. Ich darf daher namens der hier Anwesenden noch einmal herzliche Glückwünsche aussprechen und Ihnen alles Gute für weitere Lebensjahre wünschen.

Manfred Schulz, Ralph Kluge

Phenoxyle – Neue Reaktionen einer traditionellen Verbindungsklasse

Die Oxidation organischer Moleküle mit Luftsauerstoff, bei der primär Hydroperoxide **1** entstehen, die in Hydroxyverbindungen **2** oder in Carbonylverbindungen **3** umgewandelt werden können, hat große technische Bedeutung und ist darüber hinaus für die moderne Synthese im Laboratorium interessant.

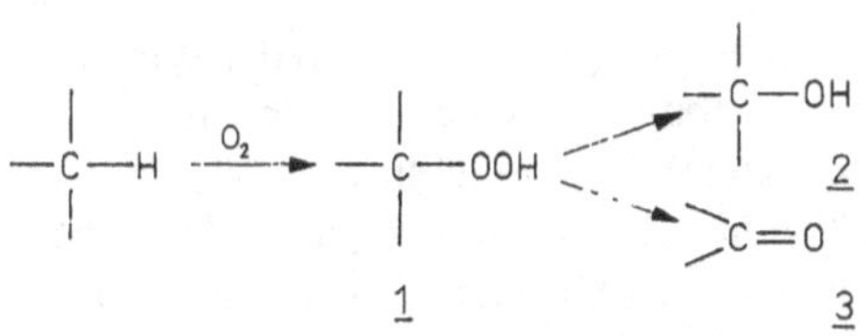

Vor mehr als 50 Jahren hat A. Rieche [1] erkannt, daß Luftsauerstoff bei der Autoxidation an C-H-Bindungen angreift und den Alkylhydroperoxiden **1** eine zentrale Rolle zufällt. Viele der bis heute weltweit durchgeführten Untersuchungen von Autoxidationsreaktionen (Peroxygenierungen), von Peroxidsynthesen und -zersetzungen haben durch diese Erkenntnis wesentliche Anstöße erfahren. Die mechanistische Bearbeitung von Autoxidationsprozessen und die Untersuchungen der Peroxidzersetzungen beeinflußten auch erheblich die Radikalchemie. Diese hat bekanntlich in der Polymerenchemie, in vielen technischen Prozessen und zunehmend in der Synthesechemie große Bedeutung erlangt und interessiert auch die Biochemiker.

Alkylhydroperoxide **1** sind relativ stabile Produkte, sie lassen sich bereits unter milden Bedingungen zu entsprechenden Hydroxyverbindungen **2** redu-

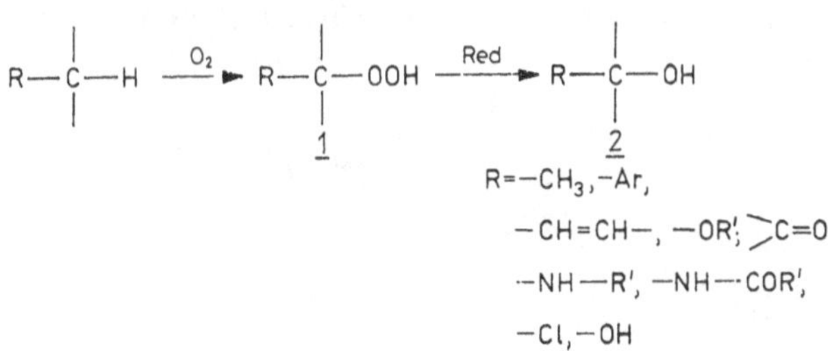

zieren. Da der „Sauerstoffeinschub" in C-H-Bindungen durch in α-Stellung befindliche „aktivierende Substituenten" gefördert und gelenkt wird, ist über die Hydroperoxid-Gruppe eine regioselektive Einführung von Hydroxylgruppen in zahlreiche organische Verbindungsklassen möglich.

Einige Beispiele sollen diese elegante Hydroxylierungsmethode belegen, die zu interessanten, auf andere Weise schwieriger herzustellenden Produkten führt. Phthalan **4** wird rasch autoxidiert, das Hydroperoxid **5** läßt sich leicht mit nahezu quantitativer Ausbeute isolieren [2]. Durch vorsichtige Reduktion wurde aus **5** erstmalig das Hydroxy-phthalan **6**, tautomer mit o-Hydroxymethylbenzaldehyd, in reiner Form zugänglich.

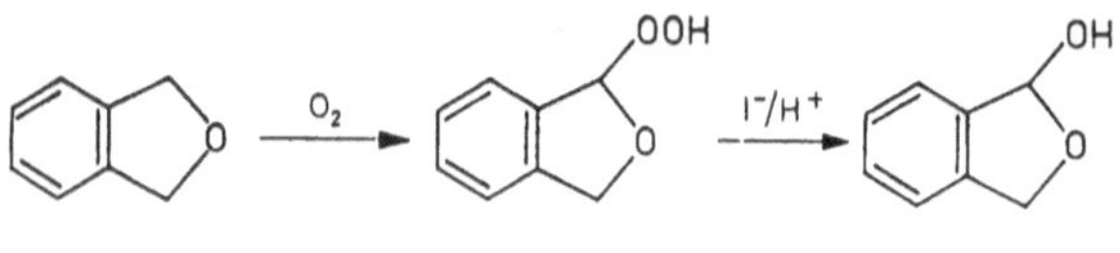

4 5 6

Verbindungen, die in α-Stellung zu einer Azogruppe die Hydroxylgruppe enthalten, waren lange Zeit als nicht isolierbar angesehen worden [3, 4]. Die durch Autoxidation von Alkyl(Aryl)hydrazonen **7** gebildeten α-Alkyl(Aryl)azoalkylhydroperoxide **8** ließen sich mit Triphenylphosphan in guten Ausbeuten zu den trans-α-Hydroxy-dialkyl-diazenen (α-Azoalkoholen) **9** reduzieren [5]. Das Reduktionsverfahren erlaubte auch die Gewinnung der von Ketonen abgeleiteten α-Azoalkohole **9**. Die neue Verbindungsklasse **9** wurde im Zusammenhang mit aktuellen Problemen der Alkyl(Phenyl)-diazen-Chemie [6, 7] und der Fotoinitiierung [8] interessant.

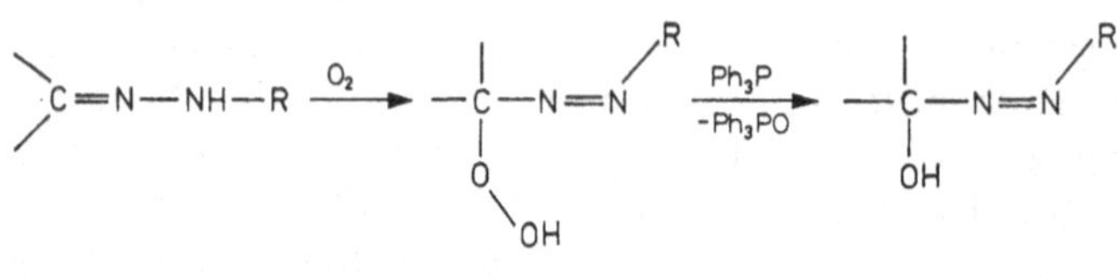

7 8 9

Wegen der synthetischen Bedeutung soll nicht die Autoxidation von Carbonylverbindungen in Gegenwart von tert. Butylat in der Steroidreihe **10** unerwähnt bleiben, die zur Gewinnung von Steroid-α-hydroxyketonen **12** mit Erfolg genutzt wurde [9].

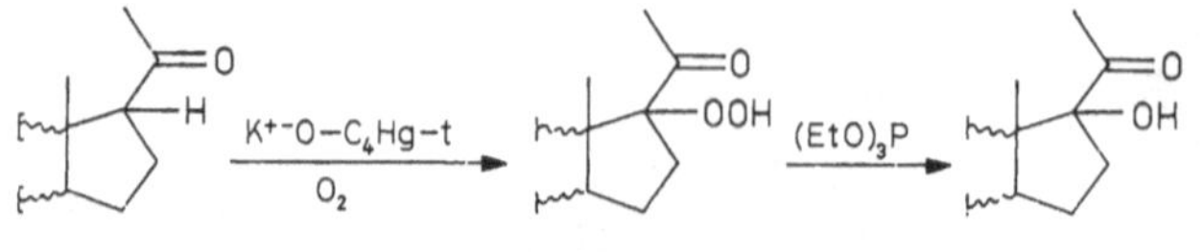

10 11 12

Der molekulare Sauerstoff addiert sich an das Enolat-Anion von **10** zum Hydroperoxid **11**. Dieses wird vorteilhaft mit Triethylphosphit zur gewünschten Hydroxyverbindung **12** reduziert.

Dieses Beispiel zeigt einen möglichen Weg zur regio- und stereoselektiven Hydroxylierung von Carbonylverbindungen, wodurch wichtige Ausgangsstoffe für die Höherveredlung von Edukten darstellbar sind. Jedoch führt die Oxidation organischer Moleküle mit mehreren verschieden aktivierten CH-Bindungen mit Triplett-Sauerstoff wegen der Bildung von Hydroperoxid-Gemischen und durch C-C- und andere Spaltungsreaktionen der intermediären Hydroperoxide fast immer zu schwer trennbaren Produktgemischen.

Besondere Syntheseziele wurden durch Singulett-Sauerstoff-Oxidationen erreicht, bei denen über cyclische Peroxide oder auch über Allylhydroperoxide durch Reduktion Hydroxylgruppen in organische Moleküle selektiv eingeführt werden können [10]. Auf dieses Gebiet soll allerdings in diesem Beitrag nicht näher eingegangen werden.

M. Schulz und E. Scharn [11] hatten vor wenigen Jahren im Zusammenhang mit Fragen der Tieftemperatur-Initiierung von Radikalreaktionen die Autoxidation des Phenylbutazons **13**, eines bekannten Antirheumaticums, untersucht. Es gelang, das Phenylbutazon-hydroperoxid **15** zu isolieren, das

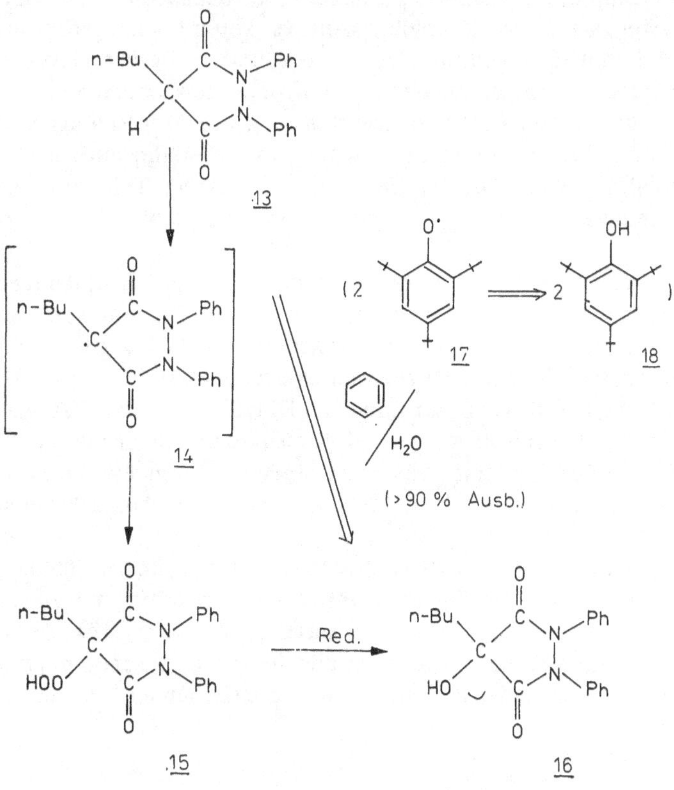

sich, wie in vitro- und in vivo-Teste ergaben, als eine pharmakologisch bedenkliche Substanz erwies, die für die Nebenwirkungen des Antirheumaticums **13** mit verantwortlich sein sollte [12].

In die pharmakologischen Untersuchungen wurde die Hydroxyverbindung **16** einbezogen, die wir auf einfachem Wege wiederum durch Reduktion des leicht herzustellenden Hydroperoxids **15** erhielten. Uns interessierte ebenfalls das intermediäre C-Radikal **14**, das eine Zwischenstufe der Autoxidation von **13** ist. Das Radikal konnte ESR-spektroskopisch durch „spin-trap-Reaktionen" nachgewiesen werden [13].

Aber zum präparativen Abfang von **14** wollten wir das stabile 2,4,6-Tritert.-butylphenoxyl **17** [14] einsetzen. Dazu wurde in eine nichtgetrocknete Benzenlösung von Phenylbutazon **13** das blaugefärbte Sauerstoff-Radikal **17** (ebenfalls in feuchtem Benzen gelöst) bei Raumtemperatur getropft. Die blaue Radikalfarbe verschwand momentan bei der Vereinigung der Lösungen; für die vollständige Umsetzung wurden pro Mol Phenylbutazon **13** zwei Mol Phenoxyl **17** benötigt. Rätselhaft war zunächst, daß wir mit nahezu quantitativer Ausbeute das 4-Hydroxy-phenylbutazon **16** anstelle des erwarteten Kombinationsproduktes von **14** und **17** isolierten. Offensichtlich hatten wir in der Reaktion **13** → **16** eine quantitativ verlaufende Hydroxylierung einer aciden CH-Gruppierung durch das Phenoxyl **17** beobachtet. Die OH-Gruppe im isolierten 4-Hydroxy-phenylbutazon **16** konnte aber nicht aus dem Phenoxyl **17** kommen, ebenfalls war bei der notwendigen anaeroben Arbeitsweise die intermediäre Bildung eines Hydroperoxids ausgeschlossen. Wir vermuteten, daß für den Ablauf dieser Reaktion die Anwesenheit von Wasser im Reaktionsgemisch entscheidend war, was sich dann auch bestätigte. Da diese Reaktion wegen der einfachen Durchführung Bedeutung als Hydroxylierungsmethode hat, haben wir sie an anderen Substanzen überprüft.

Behandelt man die Pyrazolin-5-one **19** unter gleich milden Bedingungen wie Phenylbutazon **13** mit dem Phenoxyl **17** in feuchter Benzenlösung, so resultieren die entsprechenden 4-Hydroxy-pyrazolone (4,5-Dihydroxy-pyrazole) **20**, die in guten bis sehr guten Ausbeuten isoliert werden konnten [15]. Die Identifizierung der 4-Hydroxy-pyrazolone (4,5-Dihydroxypyrazole) **20** war leicht möglich, da die Verbindungen von K. Kirschke und E. Schmitz [16], beide ebenfalls Rieche-Schüler, erst 1985 nach einem anderen Syntheseverfahren hergestellt wurden und wir die Erfahrungen der Adlershofer Arbeitsgruppe verwerten konnten.

Eine Variante des neuen Hydroxylierungsverfahrens ist, die Pyrazolin-5-one **19** jeweils in Gegenwart von Phenolen im feuchten Medium mit einem Oxidationsmittel, z. B. Ag_2O oder PbO_2, zu behandeln. Die 4-Hydroxy-pyrazolone **20** entstehen auf diesem Wege ebenfalls in guten Ausbeuten [17]. Zwischenstufen der Hydroxylierung sind die entsprechenden Phenoxyl-Radikale.

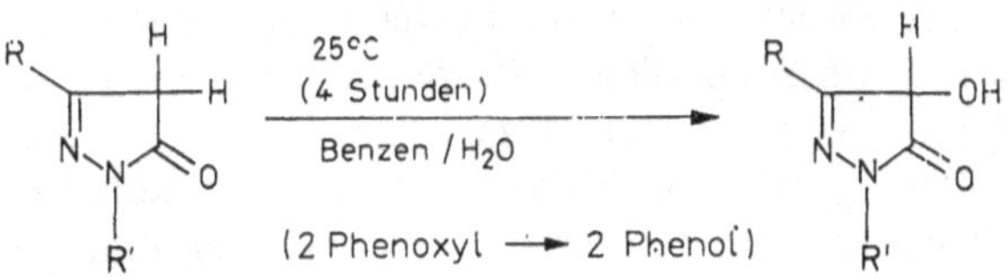

19 17 18 20

R	R'	Ausb. % *
Me	Ph	84
Me	Me	87
t-Bu	Ph	92
Me	Ph	85
Me—C(=O)—NH	Ph	80
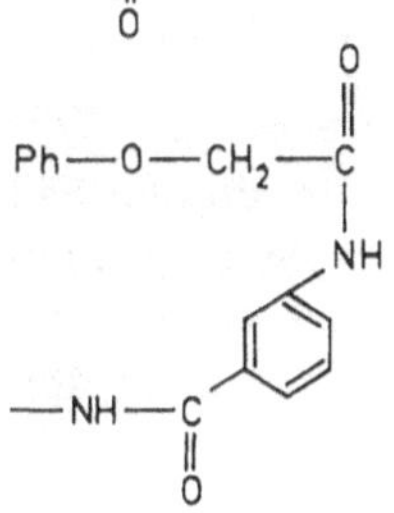	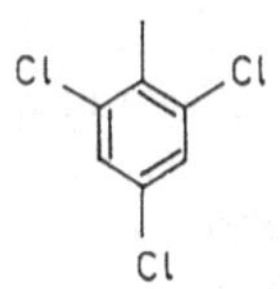	76
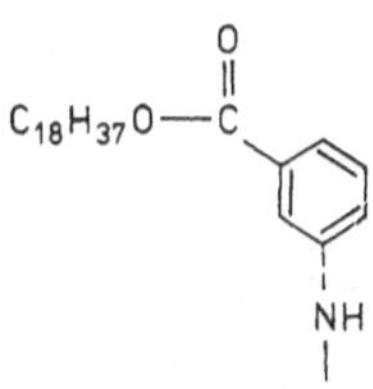	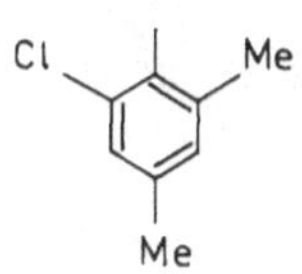	50

* ber. auf 19

Es gelang ebenfalls, in einem Eintopfverfahren mittels Eintropfen von 2,4,6-Tri-tert.-butylphenoxyl-Lösung **17** Phenylessigsäure **21** in R,S-Mandelsäure **22** zu überführen. Als Lösungsmittel wurde feuchtes Chlorbenzen verwendet, die Reaktionstemperatur betrug bei dieser Umsetzung 100 °C. Die rac. Mandelsäure **22** wurde mit 85 % Reinausbeute isoliert [18].

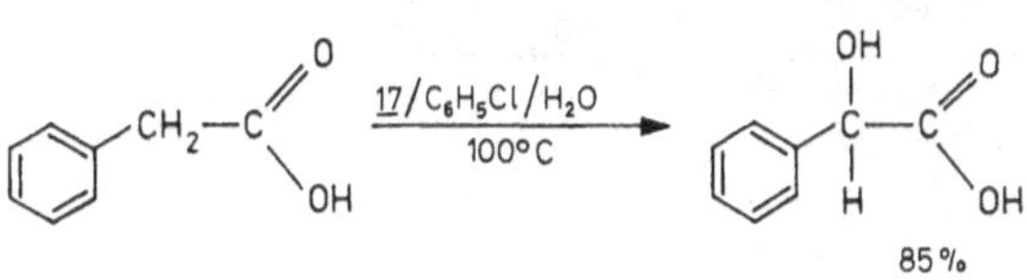

21 22

Ein weiteres synthetisch interessantes Anwendungsgebiet der Phenoxyl-Umsetzungen ist die Oxidation von Alkoholen [19]. Durch Umsetzung von **17** mit Butandiol-(1,3) **23** erhielten wir Acetaldol **24** in ca. 80 % Ausbeute, Benzylalkohol lieferte Benzaldehyd (70 %). Auch das Ergebnis, Zimtalkohol **25** mit 80 % Ausbeute zu Zimtaldehyd **26** zu oxidieren, läßt erwarten, daß die Oxidation primärer Alkohole mittels Phenoxyl-Radikalen synthetisch genutzt werden kann. Malonsäurediethylester **27**, Malodinitril **28** und Acetylaceton **29** reagierten ebenfalls mit **17** in feuchtem Benzen bzw. in Chlorbenzen

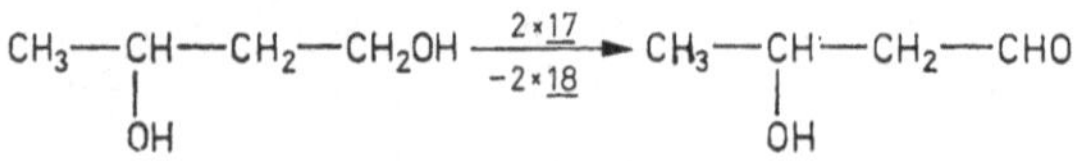

23 24

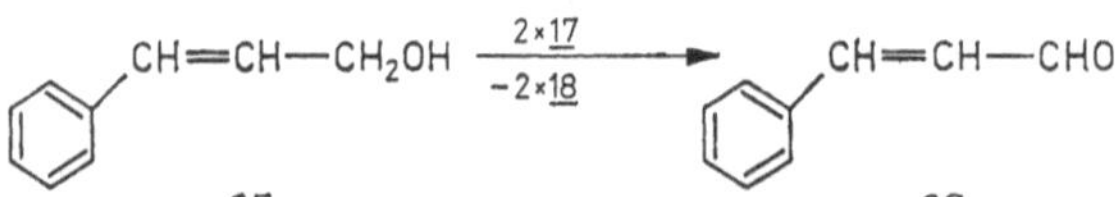

25 26

im Temperaturbereich von 80–100 °C. Es gelang jedoch in diesen Fällen nicht, die primär zu erwartenden sec. Hydroxyverbindungen zu isolieren. Diese werden im Reaktionssystem zu den entsprechenden Ketoverbindungen **30–32** weiteroxidiert. Der Verbrauch an Phenoxyl **17** betrug in allen diesen Fällen 4 Mol **17** pro Mol Ausgangsstoff.

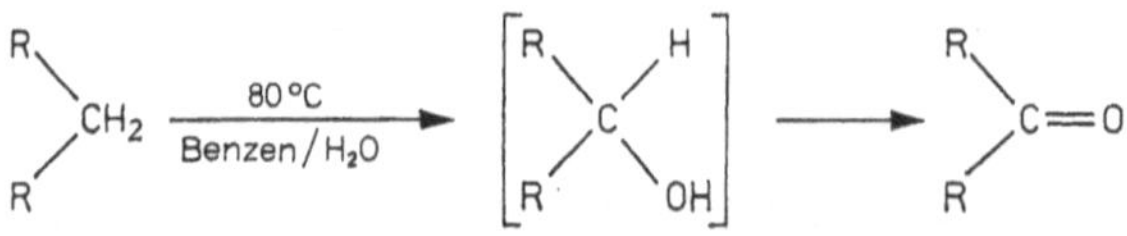

		Ausb.*
27: R = EtOCO—	30:	68 %
28: R = NC—	31:	53 %
29: R = MeCO—	32:	88 %

*bez. auf 27–29

Zur Zeit untersuchen wir den Mechanismus der Hydroxylierungsreaktion mittels Phenoxylradikalen. Wir prüfen, ob die Hydroxylierung auf folgendem Wege erfolgt [20, 21]. Zunächst entsteht durch H-Atom Transfer

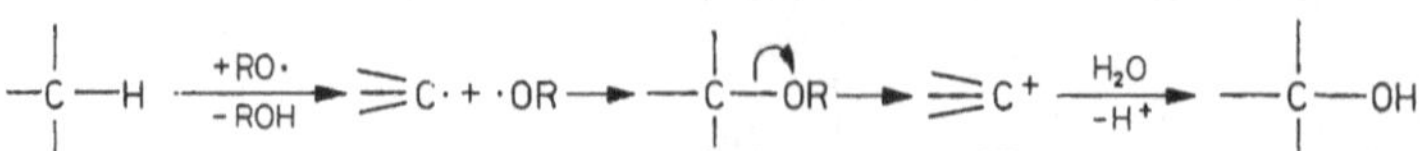

33 34 35 36

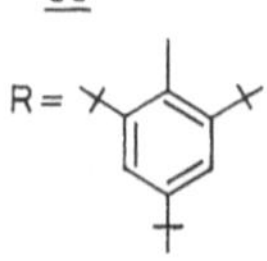

direkt oder durch Elektronen-Transfer über ein Kationenradikal und Deprotonierung ein C-Radikal **33**. Dieses kombiniert mit dem Phenoxyl zum Addukt **34**; diese Zwischenverbindung erleidet eine polare Spaltung, in deren Folge das Carbenium-Ion **35** entsteht, das durch Wasser zur Hydroxyverbindung **36** abgefangen wird.

Im Zusammenhang mit diesen und weiteren Vorstellungen zum Ablauf der Reaktion, an deren Überprüfung ebenso wie auch an der Ausweitung der Hydroxylierungsmethode wir zur Zeit arbeiten, studieren wir auch Möglichkeiten, mit stabilen N-Radikalkationen-Salzen **37**a, b, die sich z. B. vom Triphenylamin ableiten, in organische Moleküle Hydroxylgruppen einzuführen.

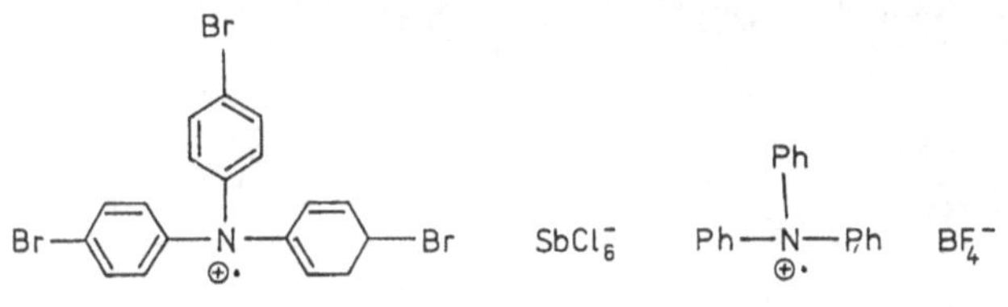

a 37 b

Die Versuche verliefen erfolgreich, damit wurde ein weiteres präparativ aussichtsreiches Hydroxylierungs- bzw. Oxidations-Verfahren gefunden. Allerdings erfolgt bei dieser Methode unter Umständen eine Überoxidation der primär gebildeten Hydroxyverbindungen zu Carbonylprodukten, die sich nach den bisher durchgeführten Versuchen durch Basenzusatz steuern läßt. Die Verwendung der N-Radikalkationen-Salze benötigt ebenfalls keine umständlichen Reaktionsbedingungen. Die R-H-Substrate werden lediglich bei Zimmertemperatur oder bei mäßig erhöhten Temperaturen z. B. in feuchtem Acetonitril in Gegenwart von sym. Collidin oder von Natriumcarbonat mit dem N-Radikalkationen-Salz versetzt. Je nach der Art der dem Ansatz zugefügten Base läßt sich das Hydroxylierungsprodukt oder die Carbonylverbindung isolieren.

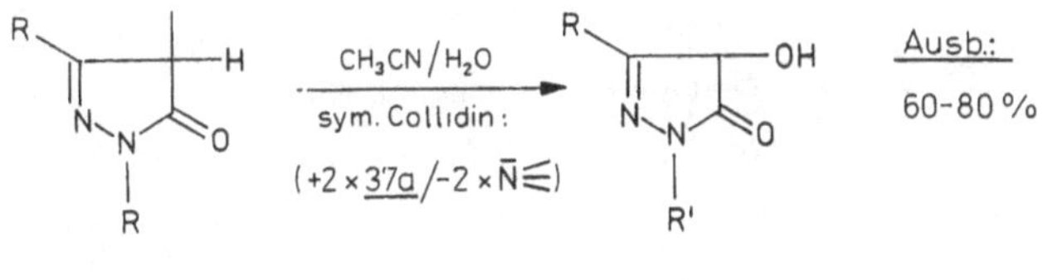

19 20

R,R' vgl. Abb. 7

Die folgende Abbildung zeigt die Einsatzbreite der Methode, die wir zunächst an der Oxidation der Pyrazolin-5-one **19** zu den 4-Hydroxy-pyrazolonen **20** prüften [22]. Präparativ besonders interessant erscheint die α-Hydroxylierung der Ketone [23], für die wir einige repräsentative Beispiele anführen [24].

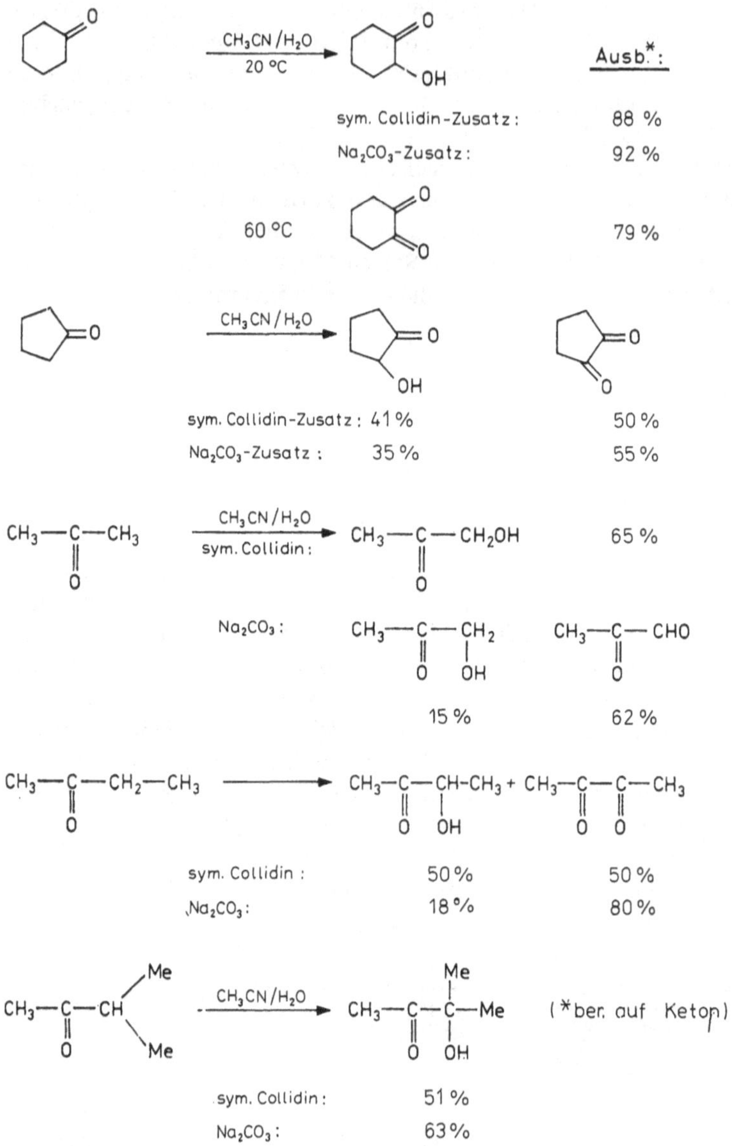

Durch Arbeiten von E. Steckhan und W. Schmidt [25, 26] über den Verlauf der Spaltung von Benzylether-Schutzgruppen durch elektrochemisch generierte N-Radikalkationen sind wir über den Reaktionsmechanismus der zweiten Hydroxylierungsmethode in etwa im klaren.

Auch bei diesen Reaktionen erfolgen nacheinander C-Radikal- und Carbenium-Ionen-Bildungen und Abfang des Carbenium-Ions durch Wasser.

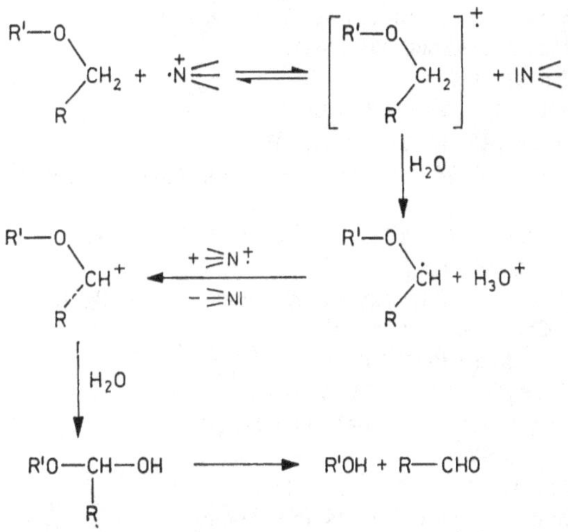

Mit diesen Darstellungen von Reaktionen, die die Umwandlung von CH-Bindungen in Hydroxy- bzw. in Carbonylverbindungen zeigen bzw. weitere präparative Wege dazu vorzeichnen, möchten wir dem Altmeister der Peroxid- und Oxidationschemie, Herrn Prof. Dr. Dr. mult. h. c. Alfred Rieche, anläßlich seines 85. Geburtstages unseren Dank für die Lehrjahre in seiner Schule (M. S.) abstatten. Nicht nur die Oxidations- und Peroxidchemie verdanken dem Jubilar viele Impulse, es soll auch nicht unerwähnt bleiben, daß A. Rieche vor mehr als 60 Jahren in der Schule von R. Pummerer das Gebiet der Phenoxyl-Radikale mit erschlossen hat [27] und er seine Schüler stets auf die Bedeutung dieser Sauerstoff-Radikale in der Natur, der Technik und im Labor hingewiesen hat.

Literatur

[1] A. Rieche, Angew. Chem. **50**, 520 (1937).

[2] A. Rieche u. M. Schulz, Liebigs Ann. Chem. **653**, 32 (1962).

[3] R. Criegee u. G. Lohaus, Chem. Ber. **84**, 219 (1951).

[4] B. Witkop u. M. M. Kissman, J. Am. Chem. Soc. **75**, 1975 (1953).

[5] M. Schulz, U. Missol u. H. Bohm, J. prakt. Chem. **316**, 47 (1974).

[6] E. M. Kosower, Accounts Chem. Res. **4**, 193 (1971).

[7] M. Schulz u. U. Missol, Z. Chem. **14**, 265 (1974).

[8] H.-J. Timpe, V. Schikowsky u. R. Vergara, Acta Polymerica **35**, 208, (1984).

[9] E. J. Bailey, D. H. R. Barton, J. Elks u. J. F. Templeton, J. Chem. Soc., 1578 (1962).

[10] a) G. D. Laubach, E. C. Schreiber, E. J. Agnello u. K. J. Brunings, J. Am. Chem. Soc. **78**, 4746 (1956).
b) G. O. Schenck, Angew. Chem. **69**, 590 (1957).

[11] E. Scharn, Diplomarbeit, THLM 1984.

[12] P. Mentz, M. Schulz u. R. Kluge, Arzneimittel-Forschg. (Drug Res.), **37** (II), 11, 1229 (1987).

[13] M. Schulz, M. Reinhardt u. E. Scharn, J. prakt. Chem. **327**, 2037 (1985).
[14] a) E. Müller u. K. Ley, Z. Naturforschg. **86**, 694 (1953).
b) C. D. Cook, J. org. Chem. **18**, 261 (1953).
[15] M. Schulz, R. Kluge u. A. Wagner, DD-WP C 07 D/286 908 3 (1986).
[16] K. Kirschke u. E. Schmitz, J. prakt. Chem. **327**, 35 (1985).
[17] M. Schulz, R. Kluge, M. Nüchter u. A. Wagner, DD-WP C 07 D/286 907 5 (1986).
[18] M. Schulz, R. Kluge, unveröffentlicht.
[19] Einzelbeobachtungen sind bekannt: E. Müller, K. Ley, A. Rieker, A. Mayer u. K. Scheffler, Chem. Ber. **92**, 2278 (1955).
[20] Vgl. analoge Reaktionen mit anderen Phenoxylen: K. Dimroth, F. Kalk, R. Sell u. K. Schlömer, Liebigs Ann. Chem. **624**, 51 (1959).
[21] C. R. H. de Jonge, Liebigs Ann. Chem. **1986**, 299.
[22] M. Schulz, A. Wagner u. R. Kluge, DD-WP/289 436 5 (1986).
[23] Synthese im Blickpunkt, Nachr. Chem. Tech. Lab. **34** (4), 328 (1986).
[24] B. Kamm, Diplomarbeit, THLM 1986.
[25] W. Schmidt u. E. Steckhan, Angew. Chem. **90**, 717 (1978).
[26] Zusammenfassung: E. Steckhan, Angew. Chem. **98**, 681 (1986).
[27] R. Pummerer u. A. Rieche, Ber. dtsch. chem. Ges. **59**, 2161 (1926).

Helmut Dorn

Chemie von und mit Azomethiniminen

Sehr verehrte Frau Rieche, sehr verehrter Jubilar, meine Damen und Herren!

Zwischen den Forschungsgebieten von Akademiemitglied Alfred Rieche und der Azomethinimin-Problematik gibt es keinen direkten Zusammenhang. Zweifellos aber sind die Arbeiten über Azomethinimine, die ich die Ehre habe, Ihnen vorzustellen, ein Produkt der schöpferischen Atmosphäre, die Sie, verehrter Herr Rieche, in dem von Ihnen geleiteten Institut schufen und förderten. Es sind, ganz in Ihrem Sinne, heuristische und anwendungsorientierte Aspekte miteinander verflochten.

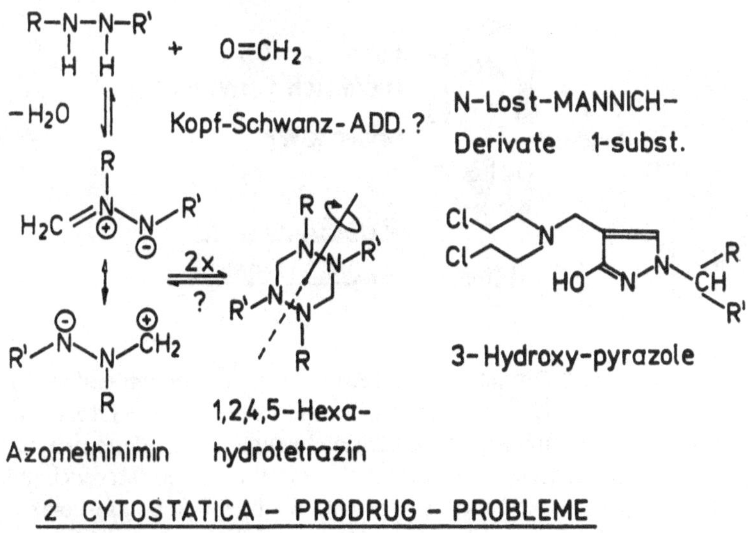

Formelbild 1

Mehr oder weniger ging alles von zwei Cytostatica-Prodrug-Problemen aus, nämlich den Synthesen von N-Lost-MANNICH-Derivaten 1-substituierter 3-Hydroxy-pyrazole und von Hexahydrotetrazinen. Es gab keine brauchbaren Synthesen für 1-substituierte 3-Hydroxy-pyrazole. Der Verlauf der Reaktion (N-1),(N-2)-disubstituierter Hydrazine mit Formaldehyd sowie die Struktur der cyclischen Aminale waren unbekannt. Wir konnten die zentrosymmetrische Struktur beweisen, und ich nahm damals die im Formelbild 1 formulierten Zwischenstufen und deren Kopf-Schwanz-Dimerisierung an [1]. Die Regeln von der Erhaltung der Orbitalsymmetrie [2] waren noch nicht publiziert, der Begriff Azomethinimine wurde erst von R. Huisgen geprägt.

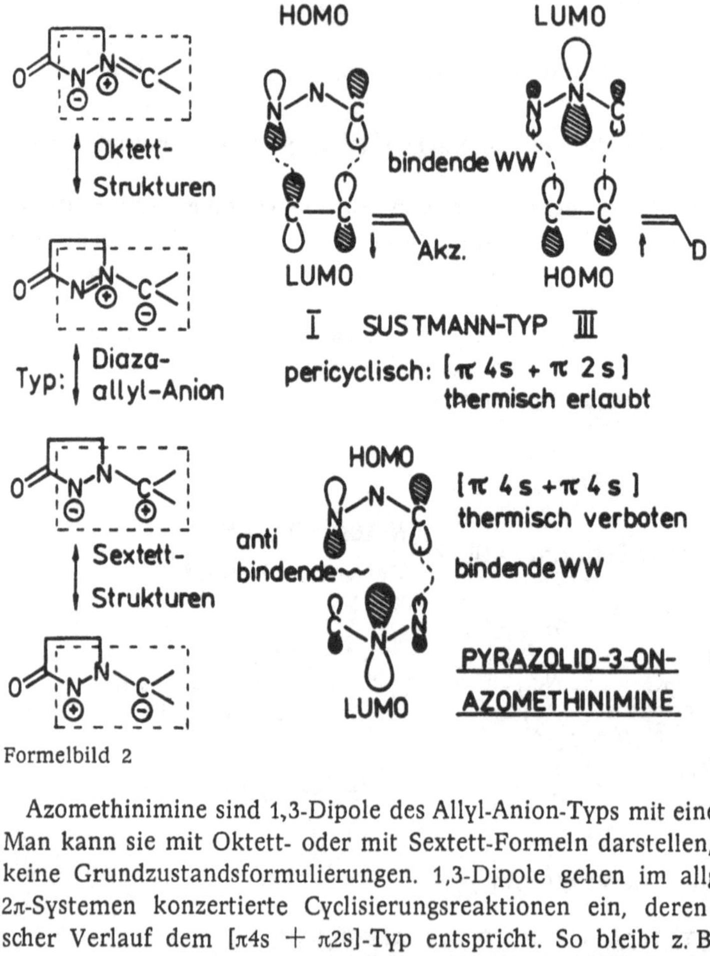

Formelbild 2

Azomethinimine sind 1,3-Dipole des Allyl-Anion-Typs mit einem 4π-System. Man kann sie mit Oktett- oder mit Sextett-Formeln darstellen, letztere sind keine Grundzustandsformulierungen. 1,3-Dipole gehen im allgemeinen mit 2π-Systemen konzertierte Cyclisierungsreaktionen ein, deren stereochemischer Verlauf dem [π4s + π2s]-Typ entspricht. So bleibt z. B. die relative Substituentenanordnung eines olefinischen Dipolarophils im Cycloaddukt erhalten. Erst kürzlich wurde die erste zweistufige, nicht stereospezifische 1,3-dipolare Cycloaddition entdeckt [3]. Die MO-Störungstheorie lehrt, daß die freie Aktivierungsenthalphie für einen Reaktionsweg um so geringer, die Reaktionsgeschwindigkeit also um so größer ist, je kleiner die Differenz der Energieniveaus von LUMO (niedrigstem unbesetzten Molekülorbital) und HOMO (höchstem besetzten Molekülorbital) der Reaktanden ist. So hat Sustmann die 1,3-dipolaren Cycloadditionen in drei Typen klassifiziert [4]:

Beim Typ I reagiert das HOMO des 1,3-Dipols mit dem LUMO des Dipolarophils, Typ III ist 1,3-Dipol-LUMO-kontrolliert. Das hat, verbunden mit der richtigen (groß/groß – klein/klein) Kombination der Orbitalkoeffizienten, Konsequenzen für die Regiochemie der Produkte. Ich habe im Formelbild 2 angedeutet, wie sich ein Donor- bzw. ein Akzeptorsubstituent am Dipolarophil auf die Niveaus der Grenzorbitale auswirkt. Die Azomethinimine gehören zum Typ II, bei dem sowohl das HOMO als auch das LUMO des 1,3-Dipols reagieren kann [5]. Auf die 1,3-dipolaren Cycloadditionen der Pyrazolid-3-on-azomethinimine soll hier nicht näher eingegangen werden. Sie verlaufen konzertiert gemäß dem [π4s + π2s]-Mechanismus [6].

Die konzertierte suprafaciale Reaktion eines 4π-Systems mit einem zweiten 4π-System ist sehr unwahrscheinlich, denn zwischen den Grenzorbitalen ist nur eine bindende und eine antibindende Wechselwirkung möglich. Die häufig beobachtete thermische Dimerisierung von Azomethinimin-1,3-Dipolen kann also keine konzertierte Kopf-Schwanz-Cyclisierung sein, obwohl das oft so, oft noch mit den Gleichgewichtspfeilen, formuliert wurde. Viele Azomethinimine sind überhaupt nur in Form ihrer Dimeren isolierbar. Ehe ich

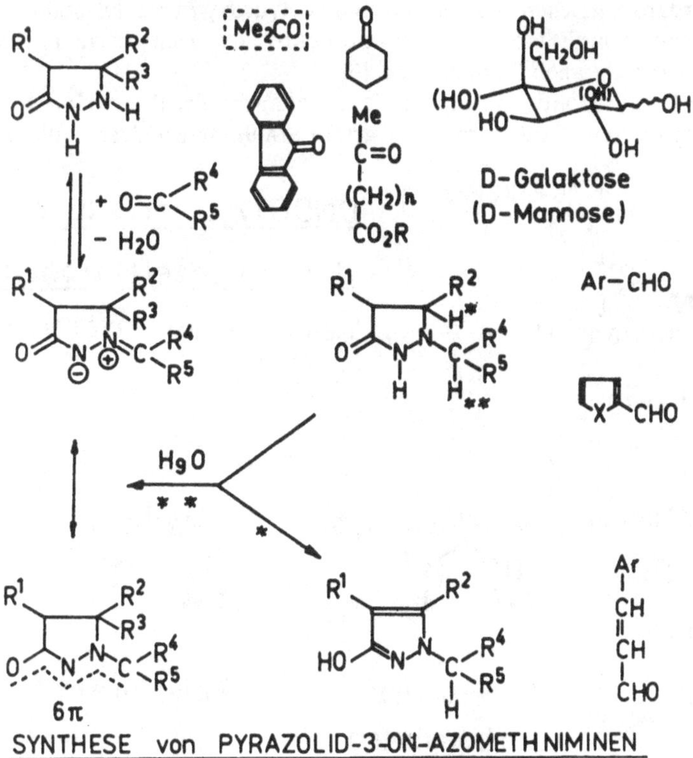

Formelbild 3

auf die Dimerisierungsproblematik näher eingehe, möchte ich Ihnen erst einmal die Pyrazolid-3-on-azomethinimine gehörig vorstellen.

Es sind kristallin isolierbare, aus einfachsten Synthesebausteinen leicht zugängliche Verbindungen mit interessanten physikalischen Eigenschaften, dazu einer Reihe neuer, allgemeiner Stoffwandlungen zugänglich. Der erste Vertreter fiel mir zufällig in die Hand, als ich unsubstituiertes Pyrazolid-3-on aus Aceton umkristallisieren wollte, dabei möglicherweise durch die Beschäftigung mit dem Mechanismus der Hexahydrotetrazin-Bildung richtig „vorprogrammiert“. Allgemein reagieren (N-1),(N-2)-unsubstituierte Pyrazolid-3-one mit Carbonylverbindungen (aliphatischen, cycloaliphatischen Ketonen, Fluorenon, Formaldehyd, aromatischen, heteroaromatischen Aldehyden, Zimtaldehyd, Monosacchariden und Ketocarbonsäure-Derivaten) gut [7], schlecht mit araliphatischen Ketonen. Die überraschende Stabilität der Pyrazolid-3-on-azomethinimine versuchte ich durch optimale Überlappungsvoraussetzungen in einem 6π-System zu erklären [8]: Die Atome O-C-N-N-C sollten in einer Ebene liegen, was spätere Röntgenkristallstrukturanalysen von S. Kulpe bestätigten. Besonders überraschte uns die Beobachtung, daß nicht die heteroaromatischen 1-substituierten 3-Hydroxy-pyrazole, sondern Pyrazolid-3-on-azomethinimine die Hauptprodukte der Dehydrogenierung von 1-substituierten Pyrazolid-3-onen sind [9].

Man kann die Pyrazolid-3-on-azomethinimine auch als Diazatrimethin-Systeme betrachten und damit ihre unerwartete Stabilität erklären [10]. Im

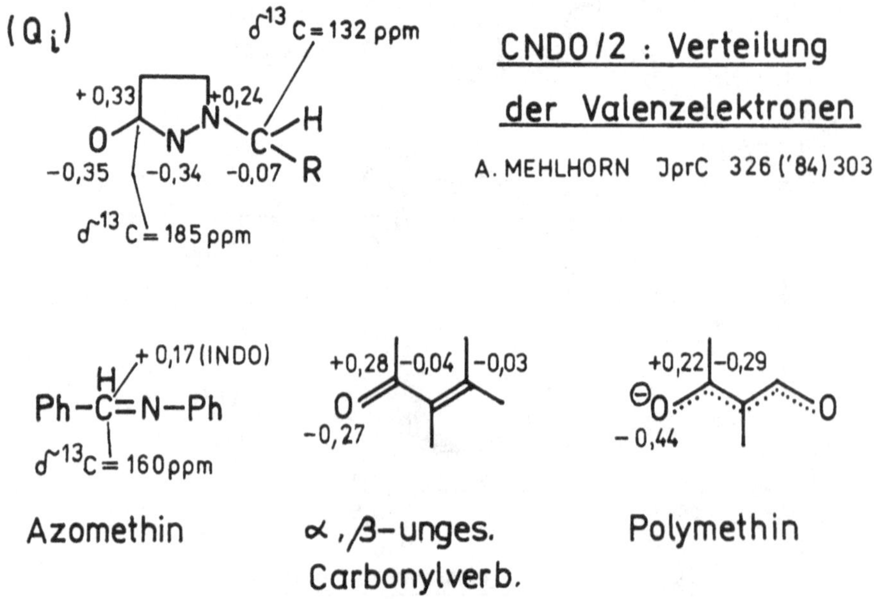

Formelbild 4

Formelbild 4 sehen Sie die für Polymethine typische Ladungsalternierung im Grundzustand. Selbstverständlich versuchten wir, die Übernahme der negativen Partialladung am (N-2) durch ein Carbonyl-O auch in anderen Systemen zu realisieren. Es gelang z. B. mit protoniertem N.

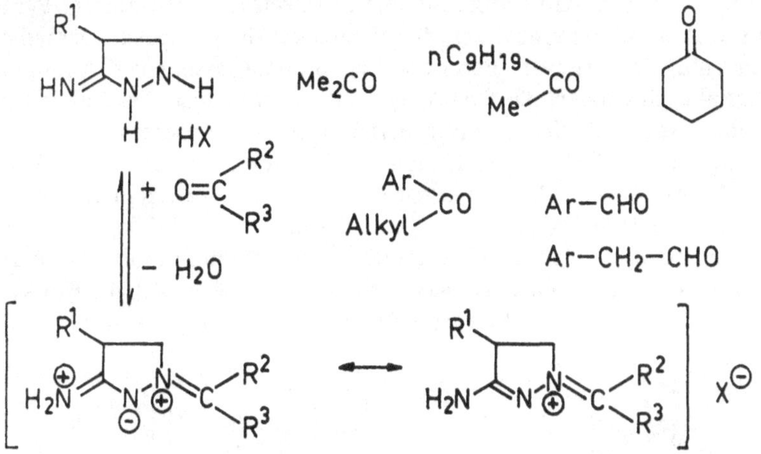

SYNTHESE IMINO-STABILISIERTER AZOMETHINIMINE

Formelbild 5

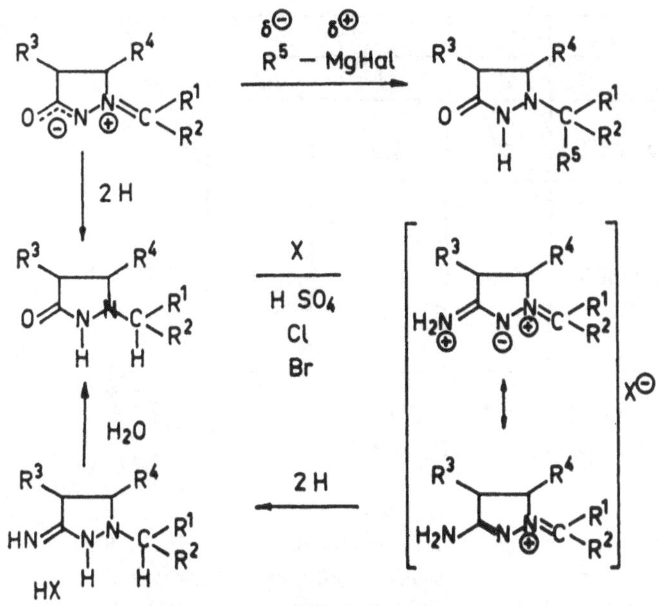

ALLG. SYNTHESEN 1-SUBSTITUIERTER PYRAZOLID-3-ONE und 3-IMINO-PYRAZOLIDINE

Formelbild 6

Wenn man Salze von 3-Imino-pyrazolidinen mit Carbonylverbindungen umsetzt, erhält man sehr leicht Salze iminostabilisierter Azomethinimine. In diese allgemeine Reaktion [11a, b, 12] kann man auch mit Erfolg Carbonylverbindungen einsetzen, die mit Pyrazolid-3-onen schlecht reagieren.

Auf der Basis unserer Azomethinimine sind zahlreiche 1-substituierte Pyrazolid-3-one und 3-Imino-pyrazolidine leicht zugänglich geworden. Derartige Strukturen sind einerseits als Fotochemikalien, andererseits als Antiphlogistica, Antiallergica oder als GABA (γ-Amino-buttersäure)-Transaminase-Hemmer interessant. So ist es nicht erstaunlich, daß unsere allgemeinen Synthesen in- und außerhalb der DDR ein lebhaftes Echo fanden, auch in der Patentliteratur [13, 14]. Die katalytische Hydrierung der Azomethinimine liefert 1-substituierte Pyrazolid-3-one bzw. 3-Imino-pyrazolidine, wobei es nicht erforderlich ist, die zugrundeliegenden Azomethinimine als solche zu isolieren. Mit beliebigen GRIGNARD-Verbindungen (R^5 = Alkyl, Aralkyl, Aryl) erhält man ebenfalls leicht 1-substituierte Pyrazolid-3-one [15].

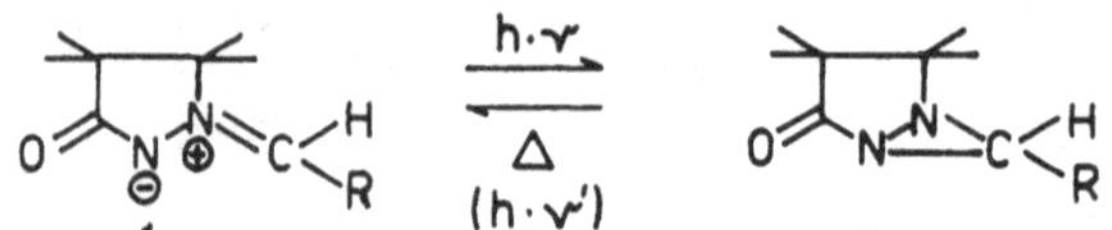

1 *2*

Photochromie der Pyrazolid-3-on-azomethinimine

R.	λ_{max} [nm]		lg ε	
	1	*2*	*1*	*2*
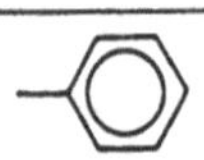	355 / 339	–	4,3	–
	431 / 406	–	4,75	–

M. Schulz, G. WEST, JprC 312 ('70), 161; 315 ('73) 711

G. TOMASCHEWSKI, G. GEISSLER, JprC 322 ('80) 623

Formelbild 7

An der TH Leuna-Merseburg und an der HU Berlin wurde die Fotochemie der Pyrazolid-3-on-azomethinimine studiert, die erwartungsgemäß für das Diaza-trimethin-System erhebliche Photochromie zeigen [16]. Die Photocyclisierung zum bicyclischen Aziridin-System erfolgt stereospezifisch (disrotatorisch). Eine geringfügige Nebenreaktion ist die photochemisch erlaubte Kopf-Schwanz-Dimerisierung zu einem thermisch labilen zentrosymmetrischen Hexahydrotetrazin-Derivat.

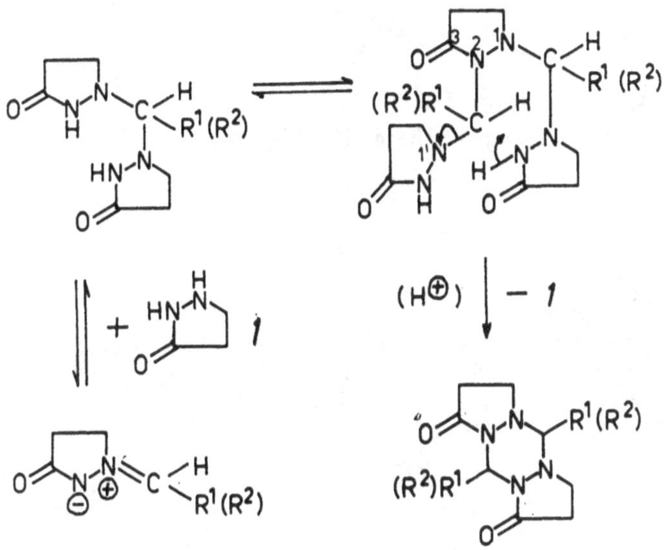

Formelbild 8

Damit sind wir zum Dimerisierungsproblem zurückgekehrt. Die thermischen Dimeren der Pyrazolid-3-on-azomethinimine, d. h. Produkte, die man aus den Azomethinimin-1,3-Dipolen durch Erwärmen in Alkoholen, Aromaten oder chlorierten Kohlenwasserstoffen erhält, haben die im Formelbild 8 gezeigte, nicht-zentrosymmetrische Struktur. Das war zunächst so ungewöhnlich, daß z. B. das Journal für Praktische Chemie zögerte, den Mechanismus dieser Dimerisierung zur Publikation anzunehmen [17]. Ehe ich den Mechanismus erläutere, möchte ich folgende Hypothese aufstellen: Thermische Dimerisierungen von 1,3-Dipolen erfolgen entweder konzertiert, sind dann aber nicht [π4s + π4s]-Reaktionen, oder sie verlaufen nach mehrstufigen, bevorzugt nach Additions-/Additions-/Eliminierungs-(ADD-/ADD-/EL-)-Mechanismen.

An das Pyrazolid-3-on-azomethinimin addiert sich reversibel 1 Molekül Pyrazolid-3-on, das als Spuren-Verunreinigung im Azomethinimin enthalten ist (ADD 1). Das entstandene 1-substituierte Pyrazolid-3-on addiert reversibel am (N-2) ein zweites Molekül Azomethinimin (ADD 2). Für diesen Schritt fanden wir den Prototyp in der (N-2)-MANNICH-Reaktion von 1-substituierten Pyrazolid-3-onen [18]. Der säurekatalysierte Eliminierungsschritt (EL) führt zu einem relativ stabilen bisacylierten Aminal-System. Dieses wäre spiegelsymmetrisch, wenn die beiden Arylsubstituenten genau in der Spiegel-

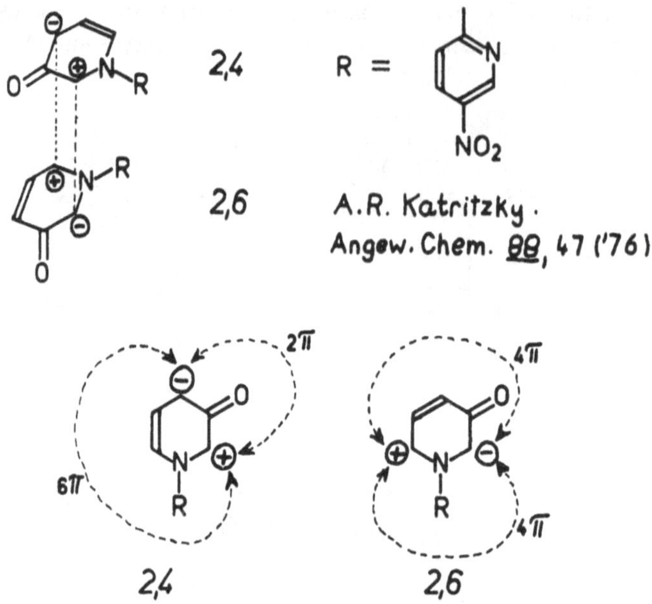

Formelbild 9

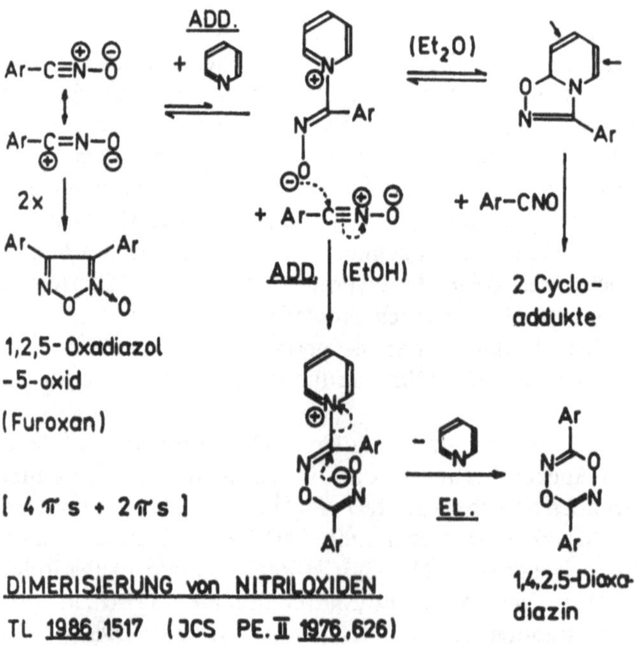

Formelbild 10

ebene lägen, was aber laut Röntgenkristallstrukturanalyse nicht genau zutrifft. Pyrazolid-3-on ist in dieser thermischen Dimerisierung der nukleophile Katalysator. Ehe ich den direkten Beweis für den Mechanismus erbringe, möchte ich drei interessante spätere Beobachtungen zum Dimerisierungsproblem systematisch erläutern.

Katritzky klärte die Struktur der Dimeren von 3-Hydroxy-pyridin-betainen auf, und es zeigte sich, daß sie nicht Kopf-Schwanz-Addukte zweier 4π-Systeme sind [19]. Im Formelbild 9 unten sehen Sie zwei mögliche Sextett-Formulierungen des 1,3-Dipols, im Formelbild 9 oben die Dimer-Bildung angedeutet. Diese thermische 1,3-Dipol-Dimerisierung ist als [π4s + π6s]-Typ oder als [π4s + π2s]-Typ aufzufassen, beide nach den WOODWARD-HOFFMANN-Regeln erlaubt.

Auch die „normale" Dimerisierung der Nitriloxide zu Furoxanen ist eine [π4s + π2s]-Reaktion, wobei ein Molekül des Nitriloxids als 1,3-Dipol, ein zweites als Dipolarophil wirkt. Setzt man dem System in einem polaren Lösungsmittel eine Pyridinbase zu, dann entsteht ein formales Kopf-Schwanz-Addukt, ein 1,2,4,5-Dioxa-diazin. In einer Folge von zwei Additionsschritten und einem Eliminierungsschritt ist die Pyridinbase der nukleophile Katalysator. In Ether erhält man außerdem Cycloaddukte, wobei die Pyridinbase als Dipolarophil fungiert [20].

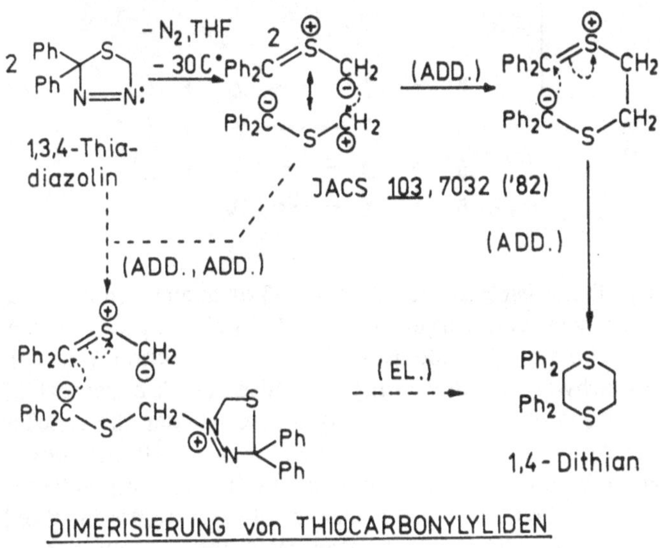

Formelbild 11

Thiocarbonylylide dimerisieren bei −30 °C zu 1,4-Dithianen [21]. Man kann einen Additions-Additions-Mechanismus postulieren. Die kinetischen Daten [21] schließen aber auch den im Formelbild 11 formulierten Additions-Additions-Eliminierungs-Mechanismus nicht aus, bei dem das eingesetzte 1,3,4-Thiadiazolin als nukleophiler Katalysator fungiert.

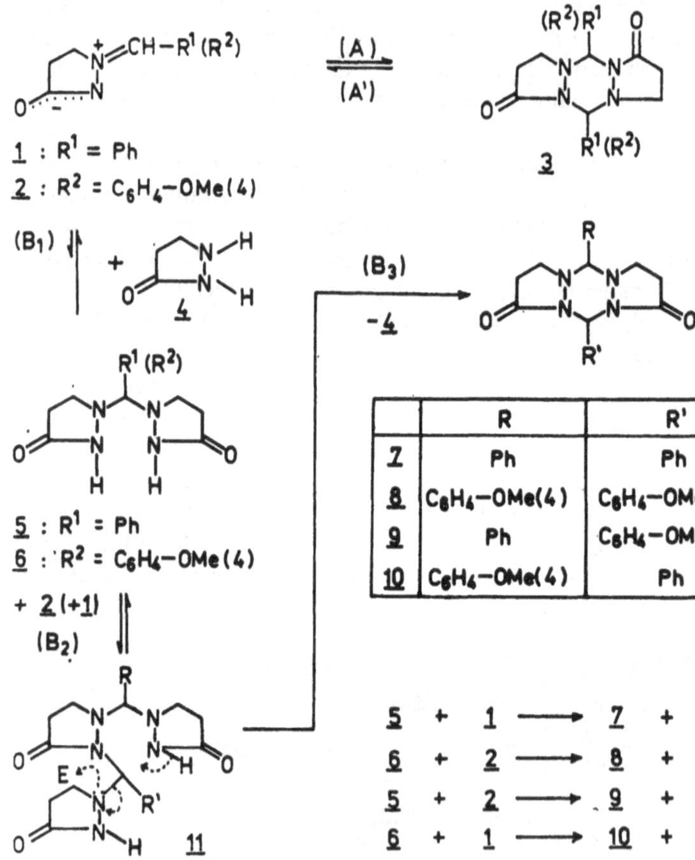

	R	R'
7	Ph	Ph
8	C_6H_4–OMe(4)	C_6H_4–OMe(4)
9	Ph	C_6H_4–OMe(4)
10	C_6H_4–OMe(4)	Ph

5 + 1 ⟶ 7 + 4
6 + 2 ⟶ 8 + 4
5 + 2 ⟶ 9 + 4
6 + 1 ⟶ 10 + 4

Formelbild 12

Lassen Sie uns zur Dimerisierung der Pyrazolid-3-on-azomethinimine zurückkommen, die sich von den vorgenannten 1,3-Dipolen in erfreulicher Weise dadurch unterscheiden, daß sie isolierbar sind. Reaktion A ist die photochemische Kopf-Schwanz-Dimerisierung, thermisch stark bevorzugt ist die Rückreaktion A'. Der erste, reversible Reaktionsschritt der thermischen Dimerisierung ist die Addition des nukleophilen Katalysators (B_1), in diesem Falle Pyrazolid-3-on (**4**). Wenn man Pyrazolid-3-on (**4**) sehr sorgfältig entfernt, erfolgt die thermische Dimerisierung nicht. Der zweite Additionsschritt (B_2) ist mit folgendem Trick nachweisbar [22]: Man setzt dem System, das ein Azomethinimin mit z. B. dem Substituenten $R^1 = Ph$ enthält (**1**), ein zweites Azomethinimin zu, das einen Substituenten $R^2 \neq R^1$ enthält, z. B. $R^2 =$ 4-Methoxy-phenyl (**2**). Man muß dann gemäß $B_1/B_2/B_3$ mindestens zwei isomere „gemischte" Dimere ($R \neq R'$) (**9, 10**) neben mindestens zwei „nicht gemischten" Dimeren ($R = R'$) (**7, 8**) erhalten. Es gelang uns, alle vier zu isolieren und strukturell zuzuordnen. Dabei war sehr hilfreich die relativ starke sterische Hinderung *eines* der beiden Arylsubstituenten, nämlich von R im System $-CH_2-N-CHR-N-CH_2-$.

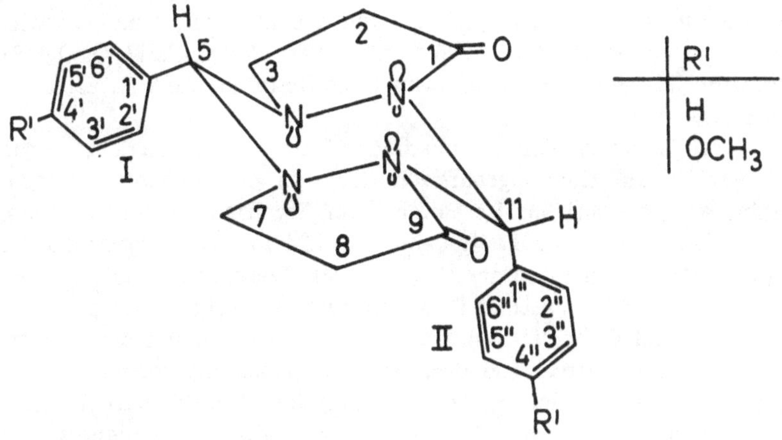

Formelbild 13

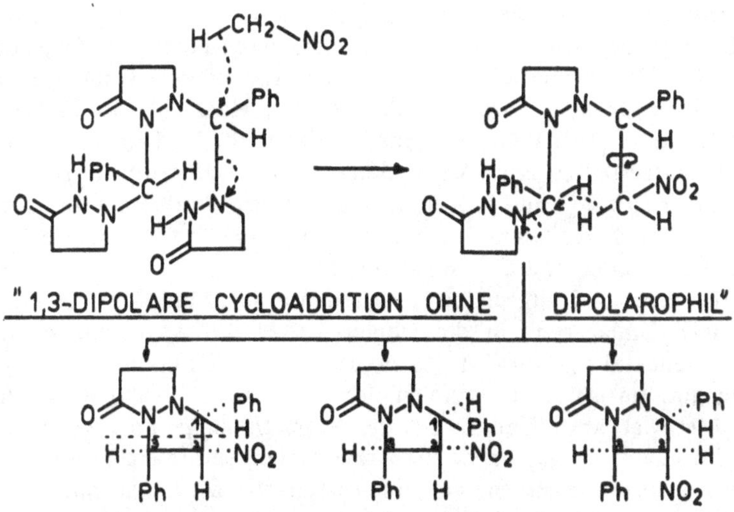

δ ^1H	H-1	H-2	H-3	H-1	H-2	H-3	H-1	H-2	H-3
NO_2-2	4,34	5,28	5,64	4,24	5,07	5,66	4,53	5,53	5,43
NH_2-2	3,97	3,62	4,64	3,26	3,51	4,62	3,23	3,85	4,96
Δ_1 ⁞ Δ_3	0,37		1,00	0,98		1,04	1,30		0,47

$$\Delta_1 = \delta(H-1)_{NO_2} - \delta(H-1)_{NH_2}\,;\ \Delta_3 = \delta(H-3)_{NO_2} - \delta(H-3)_{NH_2}$$

Formelbild 14

Im Formelbild 13 zeige ich Ihnen die Skizze nach einem DREIDING-Modell von 1974 [17] mit der richtigen Substituentenanordnung: Der Arylsubstituent am (C-5) (entspricht R im Formelbild 12) ist äquatorial, der Arylsubstituent am (C-11) (entspricht R' im Formelbild 12) ist axial angeordnet. Diese Anordnung ist sterisch begünstigt, und deshalb isoliert man vorwiegend diese Diastereomeren. Die 1986 von I. Seidel (ZIPC, AdW der DDR) durchgeführten Röntgenkristallstrukturanalysen bestätigten die DREIDING-Modell-Betrachtungen.

Mit dem Mechanismus der thermischen 1,3-Dipol-Dimerisierung wurde uns auch der Verlauf einer eigenartigen Reaktion der Pyrazolid-3-on-azomethinimine klar, nämlich ihr Verhalten beim Erwärmen in Nitromethan. In einer Konkurrenzreaktion greift dabei das (C-H)-acide Nitromethan die labilere der beiden Aminal-Gruppierungen in der Zwischenstufe des zweiten Additionsschritts der thermischen Dimerisierung an, wobei unter Eliminierung von 1 Molekül Pyrazolid-3-on ein Nitroethan-Derivat mit der im Formelbild 14 gekennzeichneten, frei drehbaren (C-C)-Bindung entsteht. Eliminierung eines zweiten Moleküls Pyrazolid-3-on liefert dann stereoisomere bicyclische Systeme, die formal Produkte der dipolaren Cycloaddition von E-β-Nitro-styren (realisierbar) bzw. von Z-β-Nitro-styren (nicht realisierbar) an das Pyrazolid-3-on-azomethinimin sind.

Für die Konfigurationszuordnung der Stereoisomeren nutzte ich folgende Überlegung: Die Entschirmung eines β-H-Atoms (H-1 oder H-3) durch eine (2-NO_2)-Gruppe bzw. die zusätzliche Abschirmung eines β-H-Atoms (H-1 oder H-3) durch eine (2-NH_2)-Gruppe (durch katalytische Hydrierung der im Formelbild 14 dargestellten Nitro-Verbindungen erhältlich) wird um so größer sein, je mehr sich β-H und NO_2 bzw. NH_2 der cis-Anordnung (Torsionswinkel gegen 0°) nähern, womit auch der im Formelbild 14 definierte ^{1}H-NMR-Parameter Δ_1 oder Δ_3 größer werden muß.

Eine weitere neue und allgemeine Reaktion der Pyrazolid-3-on-azomethinimine ist ihre Umlagerung in die isomeren 3-Hydroxy-pyrazole, deren Mechanismus eindeutig geklärt ist [23]. Auch technisch funktioniert diese Umlagerung gut. Im ersten, reversiblen Schritt greift ein Nukleophil, am einfachsten Methylat, am aciden (H-C-5) des Azomethinimins I an, wobei ein Azomethinylid resultiert, das im zweiten reversiblen Schritt ein Proton aus dem protischen Reaktionsmilieu, am einfachsten aus Methanol, am semicyclischen C-Atom addiert, und dabei entsteht ein tautomeres Azomethinimin II. Am aciden (H-C-4) des letzteren greift wiederum das Nukleophil (Alkoholat) an, und man erhält nicht-reversibel das Salz eines 1-substituierten 3-Hydroxy-pyrazols. Zum Vergleich sehen Sie die etwa zur gleichen Zeit gefundene Synthese von Sucrow [24]. Sie erfordert die schwer zugänglichen Ausgangsprodukte Acetylendicarbonsäureester und monosubstituiertes Hydrazin, saure Cyclisierung des MICHAEL-Addukts, Verseifung des 5-Carbonsäureesters sowie Decarboxylierung bei hoher Temperatur.

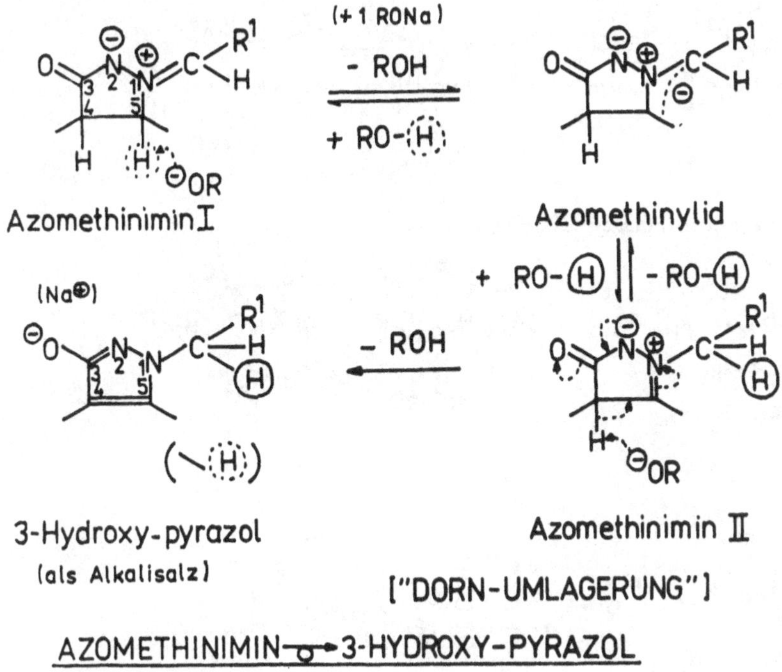

Formelbild 15

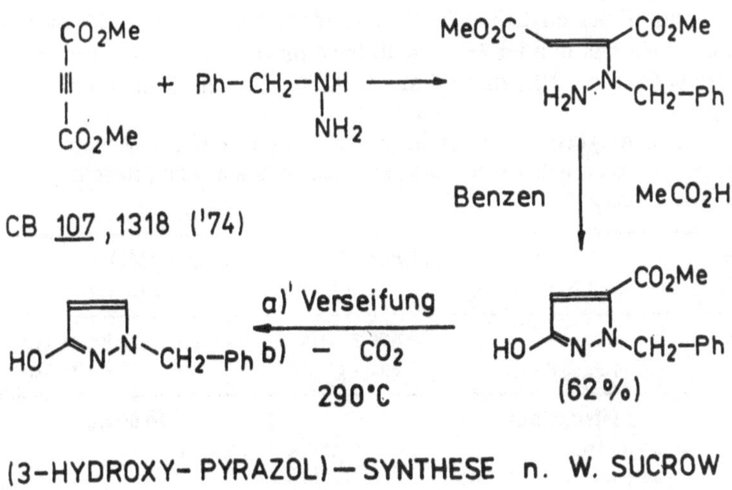

Formelbild 16

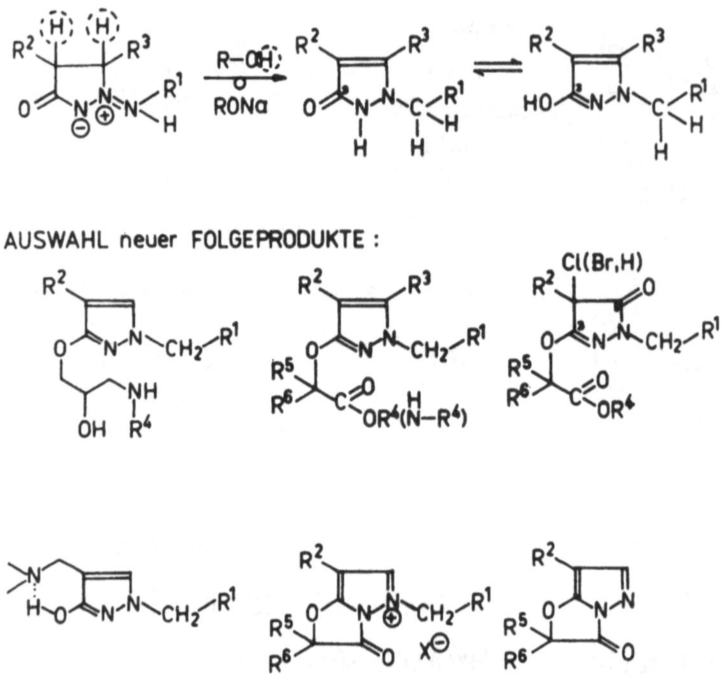

Formelbild 17

Da wir eine Quelle für Hydroxy-pyrazole erschlossen hatten, nutzten wir sie für eine Folge-Chemie, von der ich Ihnen leider nur eine Auswahl vorstellen kann. Wir synthetisierten 0-Aminolether (potentielle adrenerge β-Rezeptorenblocker), 3-(Carboxyisoalkyloxy)pyrazole durch erstmalige Anwendung einer modifizierten LINK-Synthese auf tautomeriefähige Hydroxy-N-heterocyclen sowie aus den letzteren neuartige bicyclische Pyrazoliumsalze und neuartige 3-(Carboxy-alkyloxy)pyrazolin-5-one. Durch Thermolyse der

Tabelle Bedarf an standardisierter Testsubstanz für die chronische (6-Monate-) Toxizität eines neuen potentiellen medizinischen Wirkstoffs am Mini-Schwein (Durchschnittsgewicht: 33 kg)

Tägliche Dosis	Testsubstanzbedarf für Mini-Schwein(e) (MS)		
	1 MS	1 MS	5 m + 5 w MS
30 mg/kg/d a)	990 mg/d	178,2 g/180 d	1,78 kg/180 d
150 mg/kg/d b)	4,95 g/d	891 g/180 d	8,91 kg/180 d
	Testsubstanz:		10,69 kg

m = männlich, w = weiblich

a) potentiell unbedenkliche Dosis

b) potentiell toxische Dosis

bicyclischen Pyrazoliumsalze erhält man bicyclische Lactame. Auch die eingangs erwähnte C-MANNICH-Synthese gelang, jedoch sind die MANNICH-Derivate infolge einer intramolekularen Wasserstoffbrücke ungewöhnlich stabil.

Erlauben Sie, daß ich mit einer chemisch erholsamen Betrachtung schließe. Erkundende Grundlagenforschung über medizinische Wirkstoffe – und nicht nur diese – ist mit der aktiven Hoffnung auf ein Erfolgserlebnis verbunden. Meine Industriejahre und nicht zuletzt Sie, verehrter Herr Rieche, lehrten mich, daß solche Erfolge auch Folgen haben. Wenn man nicht Wirkstoffe mit Nanogramm-Dosierung (meist komplizierte Naturstoffe oder deren Abwandlungen) synthetisiert, muß man z. B. mit hohen Testsubstanzforderungen rechnen. Die Arzneimittelgesetzgebung der DDR verlangt eine „chronische Toxizität" an drei Versuchstierarten über 6 Monate, das NSW oft 12 Monate. Die Tabelle zeigt Ihnen, daß man für nur 10 Mini-Schweine über nur 6 Monate (der Kooperationspartner wird oft 12 Monate wünschen) ca. 11 kg standardisierten Wirkstoff benötigt. Man sollte bei der Syntheseplanung auch daran denken! Die meisten der neuen Synthesen, die ich Ihnen heute vorstellen durfte, sind derartigen Forderungen gewachsen.

Literatur

[1] H. Dorn u. H. Dilcher, Liebigs Ann. Chem. **717**, 104 (1968).

[2] R. B. Woodward u. R. Hoffmann, Angew. Chem. **81**, 833 (1969), Angew. Chem., Int. Ed. Engl. **8**, 781 (1969).

[3] R. Huisgen, G. Mloston, E. Langhals, J. Org. Chem. **51**, 4085 (1986).

[4] R. Sustmann, Pure Appl. Chem. **40**, 569 (1974).

[5] K. N. Houk, J. Sims, Ch. R. Watts u. L. J. Luskus, J. Am. Chem. Soc. **95**, 7287, 7301 (1973); J. Fleming, Frontier Orbitals and Organic Chemical Reactions, J. Wiley and Sons, Chichester, New York, Brisbane, Toronto 1978, S. 127, 148.

[6] H. Dorn, Tetrahedron Lett. **26**, 5123 (1985).

[7] H. Dorn u. A. Otto, Angew. Chem. **80**, 196 (1968), Angew. Chem., Int. Ed. Engl. **7**, 214 (1968), Chem. Ber. **101**, 3287 (1968), Z. Chem. **8**, 217, 273 (1968); H. Dorn u. A. Zubek, Z. Chem. **8**, 270 (1968).

[8] H. Dorn u. A. Otto, Chem. Ber. **103**, 2506 (1970).

[9] H. Dorn u. A. Otto, Tetrahedron [London] **24**, 6809 (1968).

[10] A. Mehlhorn, J. Fabian, S. Kulpe, J. Prakt. Chem. **326**, 303 (1984).

[11] H. Dorn u. A. Otto, Angew. Chem. **80**, 911 (1968), Angew. Chem., Int. Ed. Engl. **7**, 888 (1968) (a), Chem. Ber. **103**, 2505 (1970).

[12] H. Dorn u. D. Arndt, Z. Chem. **9**, 336 (1969).

[13] DD 64 058 (Erff. H. Dorn u. A. Otto), C. A. **70**, 106 508 g (1969), DD 69 608 (Erff. H. Dorn u. A. Otto), C. A. **72**, 132 728 g (1970), **73**, 14 846 z (1970).

[14] DD 231 148 Al (Erff. A. Weise, N. Großmann, B. Winnig, S. Wilschek, G. Bach); DD 236 526 (Erff. N. Großmann, A. Weise, B. Winnig, E. Fanghaenel), C. A. **106**, 33 045 d (1987); EP Appl. 0 035 270 (Erff. K. J. Ingold, J. L. Howard, J. D. McDer-

med), C. A. **96**, 20 094 u (1982); Jap. P. Offenl. 61, 254, 586 u. 61, 257, 986 (Eli Lilly and Co.), C. A. **106**, 138 440 u. 213 939 (1987), u. a.

[15] H. Dorn u. H. Graubaum, J. Prakt. Chem. **318**, 253 (1976).

[16] M. Schulz u. G. West, J. Prakt. Chem. **312**, 161 (1970), 315, 711 (1973), G. Tomaschewski, G. Geissler, J. Prakt. Chem. **322**, 623 (1980).

[17] H. Dorn, R. Ozegowski, R. Radeglia, J. Prakt. Chem. **319**, 177 (1977).

[18] H. Dorn u. H. Dilcher, J. Prakt. Chem. **313**, 229 (1971).

[19] N. Dennis, A. R. Katritzky u. Y. Takeuchi, Angew. Chem. **88**, 46 (1976).

[20] F. DeSarlo u. A. Guarna, J. Chem. Soc. Perkin Trans. II, **1976**, 626; A. Corsaro, G. Perrini, P. Caramella, F. M. Albini u. T. Bandiera, Tetrahedron Lett. **27**, 1517 (1986).

[21] I. Kalwinsch, Li Xingya, J. Gottstein u. R. Huisgen, J. Am. Chem. Soc. **103**, 7032 (1981).

[22] H. Dorn u. Th. Kreher, Tetrahedron Lett., im Druck.

[23] H. Dorn, Z. Chem. **14**, 231 (1974), Khim. Geterotsikl. Soedin. **1981**, 10.

[24] W. Sucrow, C. Mentzel u. M. Slopianka, Chem. Ber. **107**, 1318 (1974).

Hans Groß

Phosphor-Organica, Synthese und Anwendung

Sehr verehrter Herr Rieche, liebe Frau Rieche,
Herr Vorsitzender, meine Damen und Herren!

Im Rahmen dieser Festveranstaltung berichte ich zusammenfassend über Arbeiten aus einer Reihe von Jahren, nämlich über neue P-Organica, deren Synthese und Anwendung. Ich möchte dabei aber auch an den Anfang unserer Zusammenarbeit vor 33 Jahren erinnern, lieber Herr Rieche: ich will versuchen zu zeigen, wie das weiter gewirkt hat, was Sie damals in Gang setzten, ich möchte auch davon erzählen, was mir wesentlich und nachahmenswert an dem Stil erschien, wie Sie junge Menschen für die wissenschaftliche Arbeit interessiert und begeistert hatten. Dazu muß ich hier zunächst ein ganzes Stück zurückgreifen.

In meiner Dissertation untersuchte ich unter anderem die Chlorierung von Monochlordimethylether (**1**). Dabei sollten laut Literatur alle möglichen höheren Chlorierungsprodukte entstehen, nicht aber der asymmetrische Dichlorether **2**.

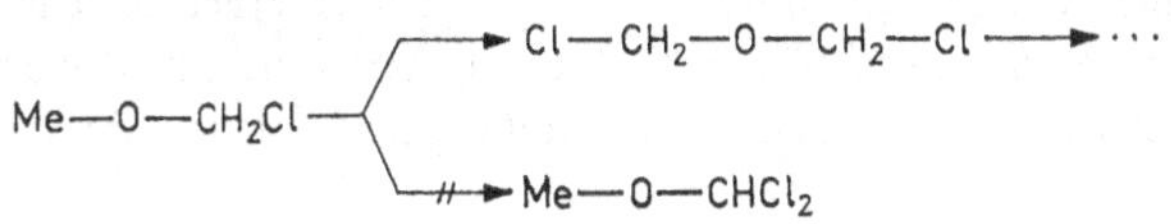

1 2

Als wir den ersten größeren Ansatz fraktionierten, erhielten wir u. a. ein Produkt, das aber nun genau nichts anderes als eben dieser Dichlorether **2** sein konnte. Das war unerwartet, stand ganz im Widerspruch zur Literatur und machte mich deshalb etwas unsicher. Und ich erinnere mich genau, wie Sie sich aber freuten, lieber Herr Rieche, als ich Ihnen davon erzählte: Sie erkannten sofort, daß diese Verbindung ein universell anwendbares Agens sein müßte. Ich sollte alles andere liegen lassen, was ich sonst noch in Angriff genommen hatte, sollte nur diese interessante Strecke verfolgen und einen Weg suchen, um dieses Produkt einfacher herstellen zu können. Und als ich einen Weg dafür fand und Ihnen davon berichtete, brachten Sie mir am nächsten Morgen die Skizze einer Anlage, die gestatten sollte, kontinuierlich as. Dichlorether erzeugen zu können.

Daß diese Anlage nicht gebaut wurde, hat einen anderen Grund: wir fanden nämlich eine noch viel einfachere Synthesemethode, die später sogar in „Organic Syntheses" aufgenommen wurde. Aber trotzdem war mir gerade diese Zeichnung soviel wert: sie zeigte, welches Interesse Sie an unseren Arbeiten hatten, wie ernst Sie uns und unsere wissenschaftlichen Ergebnisse nahmen. Diese Skizze war mir ein Symbol für eine schöne Zusammenarbeit, bei der wir uns von Ihnen als echte Partner behandelt fühlten.

Auch Ihre Vermutung, der as. Dichlorether müsse ein universelles Agens sein, erwies sich als richtig. Das damals neue Produkt ist seit vielen Jahren als Laborprodukt im Handel, und als wir ca. 20 Jahre nach unserer ersten Publikation über den Dichlorether eine Zusammenfassung über Anwendungsmöglichkeiten dieser Verbindung schrieben, fanden wir mehr als 100 Originalarbeiten anderer Arbeitskreise über diese Verbindung.

Wir hatten uns damals der Herstellung und Untersuchung einfacher organischer Verbindungen und der Erarbeitung neuer Synthesemethoden für die Organische Chemie verschrieben. Und vieles, was uns zum Teil heute noch beschäftigt, hat seinen Ursprung in Erfahrungen und Ergebnissen aus den Untersuchungen mit dem as. Dichlorether. Hierfür einige Beispiele.

Aus dem Dichlorether (**2**) war das Methoxybenzodioxolan (**3**) zugänglich. Die Methoxygruppe des Dioxolans hofften wir gegen Chlor austauschen zu können – dies sollte wieder ein interessantes Synthesehilfsmittel werden, denn analoge Alkoxyderivate (**4**) sind extrem instabil und nicht isolierbar. Aber bei diesen Versuchen – Umsetzung des Dioxolans mit PCl_5 – bekamen wir etwas ganz Unerwartetes: neben anderen Produkten entstand Brenzcatechylphosphortrichlorid (**9**) und Brenzcatechindichlormethylenether (**10**). Und hier erinnere ich mich wieder gut daran, was Sie, lieber Herr Rieche, zu diesem Ergebnis sagten: wir sollten uns doch freuen, wenn einmal etwas nicht so ginge, wie wir uns dies vorgestellt hätten, denn gerade dann könnte

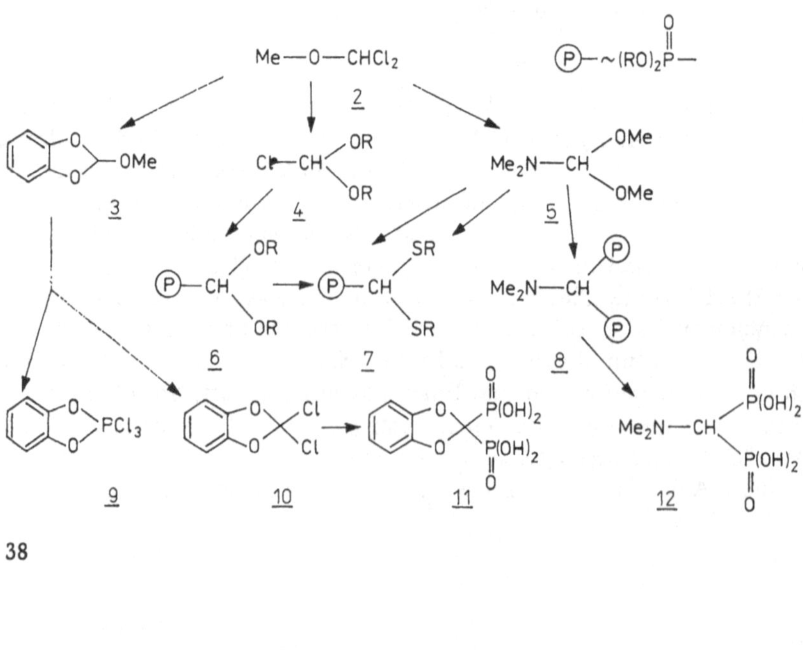

es ja besonders „aufregend" werden und vielleicht in interessantes Neuland führen. So war es hier auch: diese beiden Produkte, zunächst ganz unerwartet, waren wieder ganz hoch-aktive Verbindungen, die wir dann eingehend untersuchten und dazu natürlich einfachere Synthesewege fanden. Aber zunächst war der Startpunkt der Dichlorether.

Das Brenzcatechylphosphortrichlorid **9** hat Dr. Gloede eingehend untersucht. Die Verbindung war wieder der „Urahn" einer Reihe interessanter penta- und hexakoordinierter P-Verbindungen, das Trichlorid selbst erwies sich als ausgezeichneter Halogenüberträger, der unter milden Bedingungen ohne jede Oxidationswirkung reagiert und mit dem zum Teil hoch oxidations-sensitive Verbindungen sauber und ohne Nebenreaktionen selektiv umgesetzt werden konnten. Auch die Untersuchung des Kohlensäurederivates **9** gab interessante Ergebnisse, u. a. ein mit ausgezeichneten Ausbeuten verlaufendes Carboxylierungsverfahren aromat. Verbindungen und von Enaminen. Schließlich stellten wir hieraus kürzlich das Diphosphonat **11** dar, ein Acetal des unbekannten Carbonyldiphosphonats, von dem interessante komplexbildende Eigenschaften erwartet werden können. Das Acetal **6** der ebenfalls unbekannten Formylphosphonsäure kann auf Basis Dichlorether über dieses extrem labile Dialkoxyhalogenmethan gewonnen werden. Diese leicht zugängliche Verbindung ließ sich leider nicht für weitere Synthesen verwerten, wohl aber das Dithioderivat **7**, das aus **6** oder auf Basis Amidacetal **5** gewonnen werden konnte (Verwendung s. u.).

Amidacetale (**5**) sind, wie der Dichlorether (**2**), sehr reaktive Orthoameisensäurederivate, die prinzipiell aus **2** zugänglich sind. H. Meerwein und später H. Bredereck beschrieben einfache Synthesen, das Brederecksche Verfahren konnten wir für unsere Zwecke entscheidend optimieren. Aus Amidacetalen konnten wir u. a. aminosubstituierte Diphosphonate gewinnen, die ihrerseits als Startprodukte für weitere, eingehende Untersuchungen dienten. Hier zunächst nur ein Beispiel: bei der Hydrolyse von **8** entstand diese Bisphosphonsäure **12**. Das war damals auch ein ganz neues Produkt, und als sich Jahre später eine praktische Verwendung abzeichnete, fanden wir rasch eine technisch brauchbare Synthese, und danach wird das Produkt im Chemiekombinat Bitterfeld jetzt hergestellt.

Keines der Produkte der letzten beiden Zeilen dieses Schemas hat noch Ähnlichkeit mit dem as. Dichlorether, und doch war diese Verbindung so etwas wie der „Ahnherr" dieser Verbindung, und immer, wenn ich einen solchen Fang im Netz hatte, dann erinnerte ich mich an Ihre Freude, lieber Herr Rieche, als wir den Dichlorether zweifelsfrei identifiziert hatten, und ich erinnere mich an die vielen Zettel, die Sie mir immer ins Labor brachten, was man doch mit diesem Agens noch alles machen könnte. Als ich dann diese Produkte der unteren Zeilen dieses Schemas in der Hand hatte, durfte ich dasselbe versuchen: meine Mitarbeiter für die Erarbeitung neuer Synthesemethoden auf Basis einfach gebauter organischer Verbindungen zu interessieren.

Dazu nun ein paar Beispiele konkret, zunächst die Synthesen. Daß wir die Verbindung **4** gerne untersucht hätten, erzählte ich schon. Das ging nicht, weil sie extrem labil ist und sofort in Alkylchlorid und Ester zerfällt. Aber viel später konnten wir wenigstens ihre Existenz als Intermediat eindeutig nachweisen. Wenn man nämlich Orthoameisensäureester mit Chlorophosphit bei ganz niedriger Temperatur mischt, dann gibt es sofort Ligandenaus-

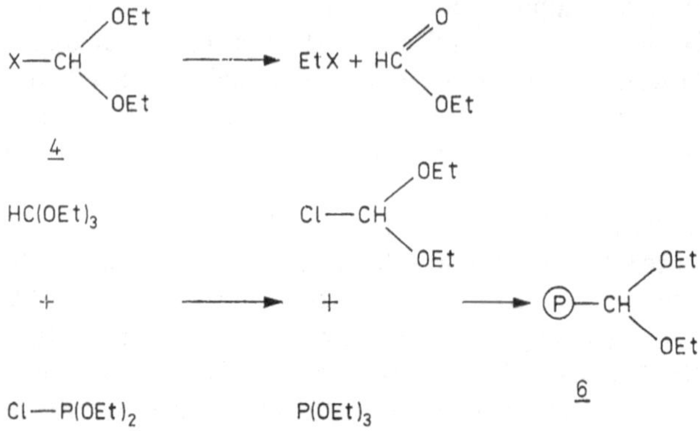

tausch und Weiterreaktion der Primärprodukte nach Arbusow zu dem Acetal **6**. Die Synthese des präparativ interessanteren Dithioanalogen **7** ging ähnlich aus Bisalkylmercaptochlorid **15** – das ist etwas stabiler als die Alkoxyverbindung – und Phosphit oder aus dem Amidmercaptal **13**. Normalerweise würde von dem Amidmercaptal bei Angriff eines Nucleophils ein SR-Rest ausgetauscht werden, wir haben das Produkt aber gezwungen, den Stickstoff abzugeben, indem wir ihn zu **14** alkylierten. Dann kann nämlich nur der Ammonrest, nicht aber ein RS-Rest ausgetauscht werden, und man erhält das Mercaptal.

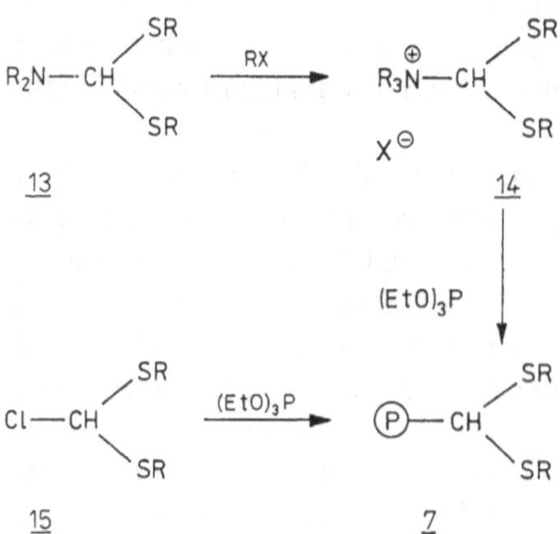

Wie Herr Dr. Costisella schon vor längerer Zeit aminosubstituierte Diphosphonate **8** dargestellt hat, zeigt das nächste Schema: hier die normale Reaktion eines Amidacetals **5**, Austausch eines OR-Restes gegen ein anderes Nucleophil, je nach Bedingungen einmal oder zweimal. Man kann das pri-

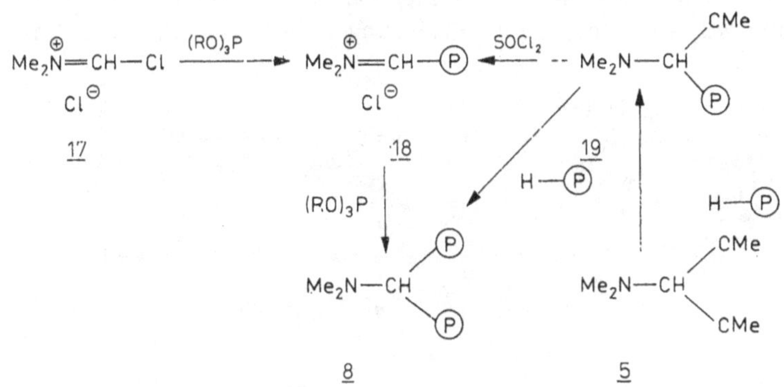

märe ON-Acetal **19** auch isolieren und weiter über das Ammonsalz **18** geben, das sicher auch das Zwischenprodukt bei der Reaktion von DMF-Dichlorid **17** mit 2 Mol Phosphit ist. Die Ausbeuten sind ausgezeichnet.

So glatt diese Synthesen gingen: beliebig ausdehnbar auf andere analoge Systeme, aktive Immoniumsalze, waren sie nicht. Von dem Tetramethylharnstoffderivat **20** z. B. hofften wir, das Bisphosphonat **22** zu erhalten, das ohne Zweifel ein interessantes Synthon wäre. Aber das ging nicht, wir isolierten das Betain **23**, das sicherlich aus dem Monophosphonat **21** durch Entalkylierung entstand. Warum die Entalkylierung der weiteren Phosphorylierung den Rang ablief, wissen wir nicht. Unklar ist auch noch, warum hier immer in kleinen Mengen der Bisphosphonsäureester **8** entsteht.

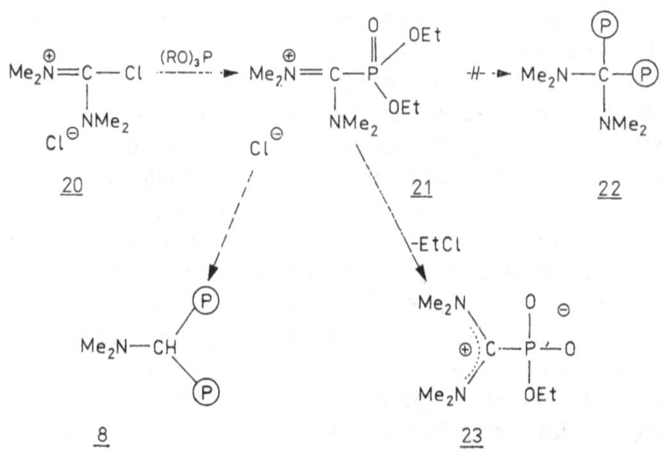

Interessanterweise gelang Kuchar (Kiew) die Synthese des Triphosphonates **26** aus Dichlormethylenimmoniumchlorid **24** und Phosphit. Wir wollten dies erst nicht glauben, weil wir – meist in Patenten – schon viel Unseriöses über Trisphosphonate gelesen hatten. Aber es stimmte wirklich. Das einzige, was wir bei der Nacharbeit fanden: immer ca. 10 % Bisphosphonat **8**, für dessen Bildung wir auch hier keine Erklärung haben. Auffallend ist: das

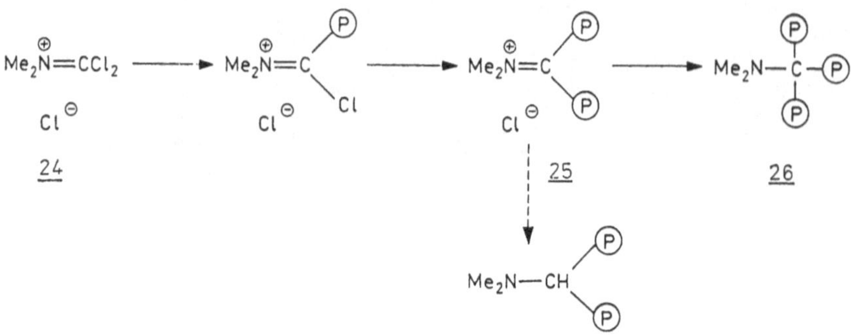

24 25 26

8

Bisphosphonat **8** scheint sehr stabil zu sein. Es gibt eine Reihe von Fällen, wo wir es fanden, ohne daß es dorthin gehörte. Dabei scheint es, als ob diese Verbindung immer dann auftritt, wenn als Intermediat eine P-C-P-Immoniumstruktur, wie z. B. **25**, möglich ist. Offenbar fühlen sich die beiden P-Atome mit der Dimethylaminogruppe besonders dann an einem C-Atom wohl, wenn dieses kleine H-Atom noch dasteht, und das wird offenbar von dem Immoniumsalz irgendwo aus dem Medium eingefangen.

Von der Synthese des Bisphosphonsäureesters **8** und dessen Hydrolyse zur Säure **12** hatte ich berichtet. Diese gut kristalline Säure war leicht rein darzustellen, aber es gab dafür keinen „Bedarf". Deshalb haben wir das getan, was Herr Rieche uns geradezu anerzogen hatte: praktischen Nutzen für unsere Arbeitsergebnisse zu suchen. Wir haben das Produkt für verschiedene Applikationsgebiete an vielen Stellen offeriert und hatten schließlich Erfolg: unser ehemaliger Mitarbeiter Dr. Seibt, jetzt im Bereich GaSt des ZIOC tätig, suchte einen Wirkstoff für die Entwicklung eines Reinigungsmittels für verschmutzte Gewächshausfolien. Wir haben ihm eine ganze Reihe von Phosphonsäuren angeboten, wirksam war hier die Verbindung **12**, und nur diese. Nun war aber die bisherige Synthese viel zu teuer, und wir mußten uns um ein ökonomischeres Verfahren bemühen. Das ging relativ rasch: DMF wurde am O-Atom aktiviert, dann mit einer P-III-Verbindung und schließlich mit Wasser umgesetzt. Man konnte auch DMF mit PCl_3 und dann mit Wasser umsetzen. Über den Ablauf kann man viel spekulieren, bisher ist noch alles unklar. Im ^{31}P-NMR-Spektrum sieht man beim DMF-PCl_3-Komplex nur das PCl_3-Signal, nach Zugabe des ersten Tropfen Wassers nur noch Diphospho-

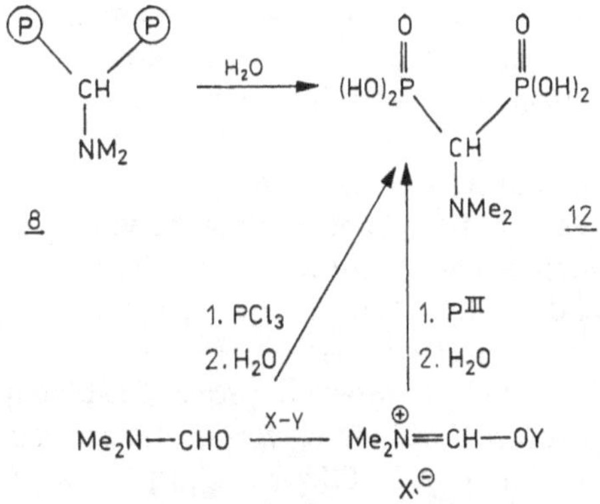

nat, kein Zwischenprodukt, das es ja geben muß. Im Chemiekombinat Bitterfeld wird die Bisphosphonsäure analog hergestellt. Die Anwendung des formulierten Produktes („Coligon") ist einfach: man sprüht das Mittel nur auf, spült nach kurzer Einwirkungszeit ab und muß nicht das ganze Foliengewächshausdach, das bei Verschmutzung ja kein Licht mehr durchläßt, neu beziehen. Der Nutzen für die Landwirtschaft ist beträchtlich. Im übrigen ist diese Bisphosphonsäure auch die wirksame Komponente des neuen Prothesenreinigers „Eladent-Blau-Rot" des LAW; der Bedarf an diesem Konsumprodukt liegt derzeit noch weit höher als das Angebot. Das „Hausieren" mit der Bisphosphonsäure hat sich jedenfalls gelohnt.

Die Bisphosphonsäure **12** ist eine sehr stabile Verbindung, wie zum Teil auch andere ähnliche, hier nicht genannte Verbindungen. Dies gilt aber ganz und gar nicht für alle analogen Fälle. Wir versuchten z. B., die Säuren **24** durch Hydrolyse der Ester **25** darzustellen und bekamen nie die erwarteten Produkte, sondern immer vollständige P-C-Spaltung, quantitative Ausbeuten an Bisphosphonsäure nur in einem einzigen Fall: wenn R = H, hier entstand wieder die Bisphosphonsäure **12**.

Warum dies so ist, können wir zur Zeit nicht deuten. Wir haben dies einfach zur Kenntnis genommen, und als ich eines Tages raten sollte, was bei

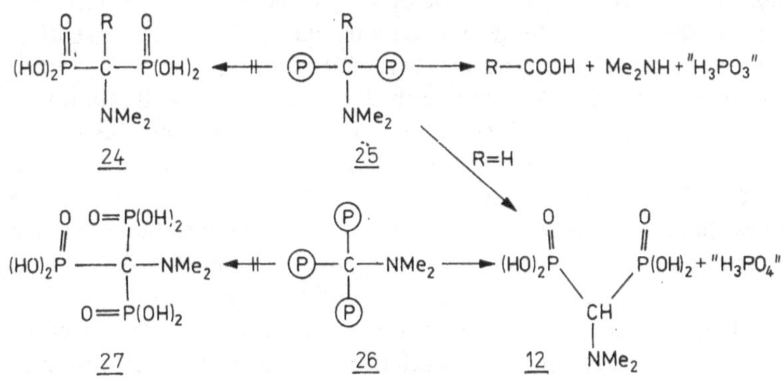

der ganz milden Hydrolyse des Trisphosphonates **26** herausgekommen ist, sagte ich aus der betrüblichen Erfahrung mit den analogen Produkten: doch sicher die Bisphosphonsäure **12** unter Abspaltung von Phosphat. Und so war es auch.

P-C-Spaltungen unter milden Bedingungen – hier waren sie nicht erwünscht. Aber es gibt einen Fall, wo gerade diese Spaltung von ganz besonderem Nutzen ist: bei der β-Chlorethanphosphonsäure **28**. Über dieses Produkt fand gerade kürzlich eine Sitzung der Klasse Chemie statt, bei der Herr Prof. Kochmann aus dem CKB und ich referierten. Wir hatten die Freude, daß Herr Prof. Kabachnik aus dem INEOS in Moskau unser Gast sein konnte, denn Herr Kabachnik hatte diese Verbindung vor 40 Jahren als erster beschrieben. Die Spaltung der Verbindung in Ethylen, Phosphorsäure und HCl wurde später entdeckt und dann die Fähigkeit, pflanzenwachstumsregulierend zu wirken. Ich erzähle dies hier deshalb, weil ich gerade von

$$(HO)_2\overset{\overset{\displaystyle O}{\|}}{P}-CH_2-CH_2-Cl + H_2O \longrightarrow H_3PO_4 + CH_2{=}CH_2 + HCl$$

<u>28</u>

P-C-Spaltungen sprach und weil wir hier insofern mit im Spiel waren, als wir – mit Dr. Gloede und Frau Keitel und einem Kollektiv im CKB – ein Verfahren zur Herstellung des Produktes in größerem Maßstab entwickelt hatten. Die Wirkungen dieses Ethylenbildners „Camposan" sind vielfältig, sollen hier aber nicht Gegenstand der Betrachtung sein. Der Netto-Nutzen im Anbau von Roggen und Gerste liegt in der DDR derzeit bei ca. 60 Mio M/Jahr. Wenn man diese Verbindung übrigens in NaOH tropft, kann man einen gleichmäßigen Strom von Ethylen erzeugen.

Nicht nur der Phosphonsäurerest, sondern auch ganze Phosphonestergruppen werden leicht vom Kohlenstoff gelöst, obwohl die P-C-Bindung doch relativ stabil ist. Hier möchte ich daran erinnern, daß ich zu Herrn Rieches 70. Geburtstag über die Synthese eines ganz neuen Verbindungstyps, nämlich der Trisphosphonate **31**, berichtete. In Analogie zu den von Kreuzkamp referierten Versuchen (obere Zeile) führten wir Dialkylphosphit in das ungesättigte Bisphosphonat **30** ein und glaubten, Verbindungen vom Typ **31** in der Hand zu haben. Wenige Wochen nach dem Geburtstagskolloquium bemerkten wir den Irrtum: der Phosphor war vom C-Atom zum N-Atom gewandert, und die vermeintlichen Trisphosphonate hatten die Struktur **32**. Übrigens war auch, wie wir fanden, der Phosphor bei den Kreutzkamp-Produkten **29** gewandert. Das war zugegebenermaßen ein schöner Schreck, denn die Korrekturfahnen waren auch schon weg. Aber schließlich trösteten wir uns damit, daß wir den Irrtum selbst korrigieren konnten, und die neu aufgefundene Umlagerungsreaktion war ja letztlich auch ein interessantes Ergebnis. Denn daß eine Umlagerungsreaktion eintrat, konnten wir beweisen,

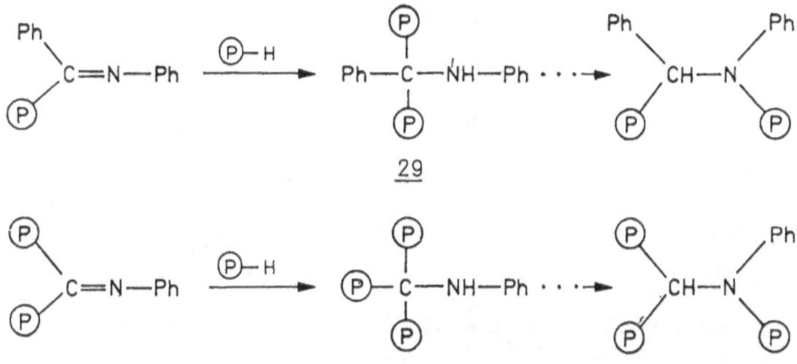

29

30 31 32

indem wir an das ungesättigte Phosphinoxid **34** Phosphit addierten. Träte nämlich einfach inverse Addition ein, dann müßten wir das Produkt **33** haben, in Wirklichkeit bekamen wir aber das untenstehende **35**. Das heißt, daß eine der vorher am C-Atom gebundenen Gruppen nun am N-Atom saß.

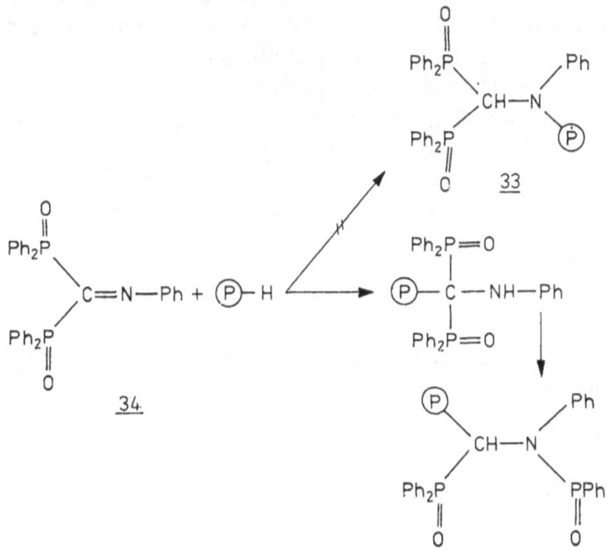

33

34

35

Die Ursache dieser Phosphorylrest-Wanderung ist unklar. Sicher hat das etwas mit dem vorhin erwähnten „Wohlfühlen" eines Phosphorylrestes mit anderen elektronenanziehenden Funktionen am C-Atom zu tun, speziell in Gegenwart von nucleophilen Gruppen – wahrscheinlich ein Zusammenwirken elektronischer und sterischer Faktoren. Es sind nämlich inzwischen an ähnlich gebauten Systemen mit Sauerstoff-Funktionen auch die Reaktionen in umgekehrter Richtung bekannt. Das Bisphosphonat **36** ist stabil, in den beiden anderen Fällen **29** und **30** hatten wir Umlagerung beobachtet. Die

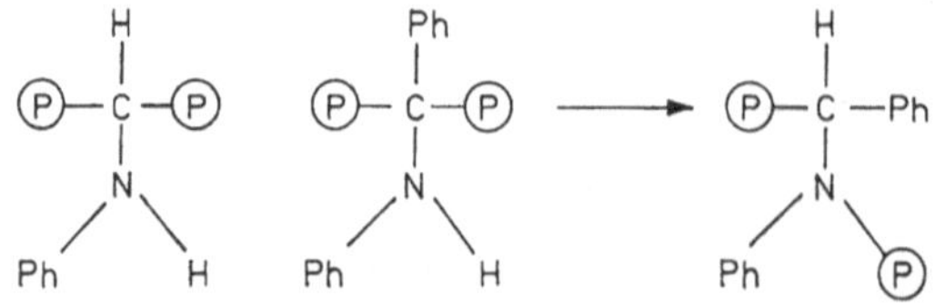

36 29

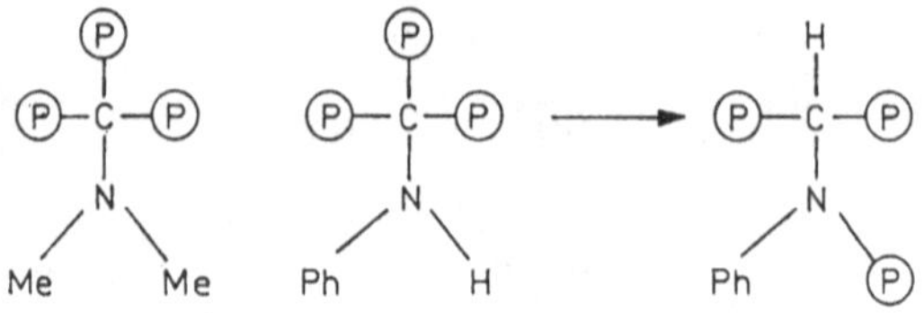

26 30 32

einzige stabile Verbindung mit 3 Phosphorylresten an einem C-Atom ist das Kucharsche Trisphosphonat **26**: hier kann der Phosphonatrest nicht auswandern, weil das N-Atom durch Methyl blockiert ist. In den anderen Fällen hatten wir einen nucleophilen N-Rest in Nachbarschaft. Sicherlich wäre auch das einfachste Trisphosphonat **37** stabil. Die Verbindung ist zwar in der Literatur beschrieben, wir kennen aber bisher keinen Weg das Produkt darzustellen, obwohl wir schon viel versucht haben.

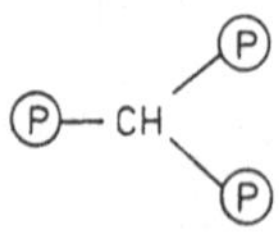

37

Und wie gerne selbst das Trisphosphonat **26** einen seiner P-Reste abgibt, zeigt das nächste Schema. Wir versuchten, **26** zu quaternisieren. Das ging

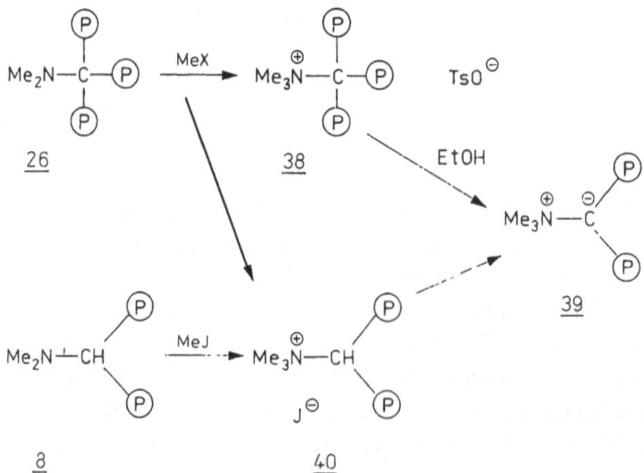

26 38 39 8 40

zwar, aber die Natur des Finalproduktes hing von der Nucleophilie des Anions ab. Mit nucleophilen Anionen, z. B. bei Verwendung von Methyliodid, ging ein Phosphonatrest verloren, und wir erhielten das Quartärsalz **40**, das wir schon früher aus dem Bisphosphonat **8** und Methyliodid dargestellt hatten. Nur mit dem nicht-nucleophilen Tosylat-Anion war das Quartärsalz **38** stabil. Aber auch hier genügte schon Lösen in Ethanol: dann wurde durch Ethylat auch wieder ein Phosphor, als Triethylphosphat, abgespalten, und wir erhielten das Ylid **39**, das wir aus dem Quartärsalz **40** schon früher dargestellt hatten. Dieses Ylid (**39**) ist übrigens bis heute das kürzeste N-Ylid, eine ganz stabile, wenig reaktive Verbindung – nur 1 zentrales C-Atom.

Die hier gezeigten P-C-Spaltungen haben ihre Analogie auch in P-freien Systemen. Erinnert sei an das Verhalten der Methantricarbonsäure, die auch nur als Ester beständig ist und die beim Versuch der Hydrolyse in Malonsäure und CO_2 zerfällt. Auch ein ganzer Alkoxycarbonylrest kann abgespalten werden, wieder in Analogie zur Abspaltung des Phosphonoesterrestes bei den vorausgegangenen Beispielen: mit NH_3 entsteht quantitativ Malonamid und aus dem dritten C-Atom entsteht Urethan.

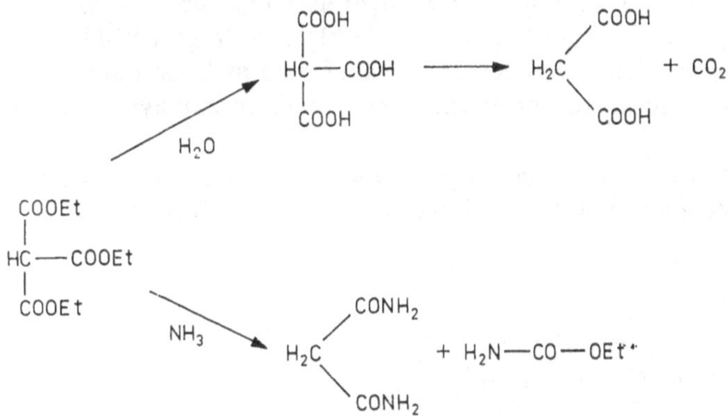

Wenn nun solche P-C-Spaltungen so glatt verlaufen, dann liegt die Frage nahe: kann man diese Eigenheit des Phosphorylrestes nicht auch gezielt für Synthesezwecke einsetzen? Die Frage impliziert die Antwort: natürlich geht das, es gibt Verfahren, wo der Austausch der Phosphorylgruppe das Syntheseziel darstellt. Ein Beispiel war ja die vorhin gezeigte Spaltung der β-Chlorethanphosphonsäure in Phosphorsäure und Ethylen in der Pflanze. Das war zwar keine „Organische Synthese" in dem hier verstandenen Sinne, aber immerhin entstand das als Phytohormon so wichtige Ethylen. Und rein formal ähnlich, nämlich durch Ablösung eines Phosphat-Restes und einer weiteren Funktion aus der β-Position einer Phosphonsäure verläuft die Horner-Reaktion, mit Hilfe derer man aus Phosphonaten eine Unzahl gewissermaßen maßgeschneiderter Olefine gemacht hat und die eine ganz entscheidende Ergänzung der Wittigschen Olefinsynthese darstellt.

Wir haben unsere unterschiedlich am Phosphonat-C-Atom substituierten Verbindungen ebenfalls dieser Reaktion unterzogen und erhielten erwartungsgemäß heterosubstituierte Olefine. Dies hier nur ganz kurz: aus dem Bisphosphonat **8** entstanden mit Carbonylverbindungen Phosphonoen-

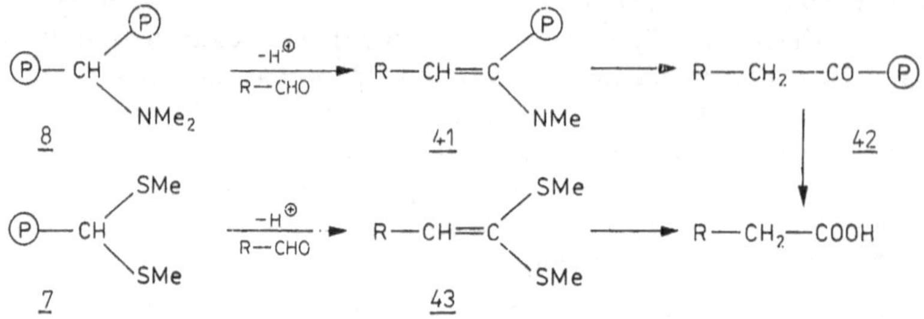

amine **41**, die über Acylphosphonate **42** glatt die entsprechenden Carbonsäuren gaben und die nunmehr gegenüber dem eingesetzten Aldehyd um ein C-Atom länger waren. Analog gab das Dithioacetal **7** Ketenmercaptale **43**. Diese Verbindungen haben auch die Oxydationsstufe der Carbonsäure – aber Ketenmercaptale zur Carbonsäure zu hydrolysieren, wäre – von speziellen Fällen abgesehen – eine Sünde, denn Vertreter dieses Verbindungstyps selbst sind außerordentlich begehrte Synthone, und m. E. ist die hier gezeigte Methode das einfachste und variabelste Verfahren zur Synthese dieser Substanzklasse.

Im nächsten Schema ein Phosphonat **44**, bei dem gegenüber dem Bisphosphonat **8** einer der Phosphorylreste durch den ebenfalls stark elektronen-

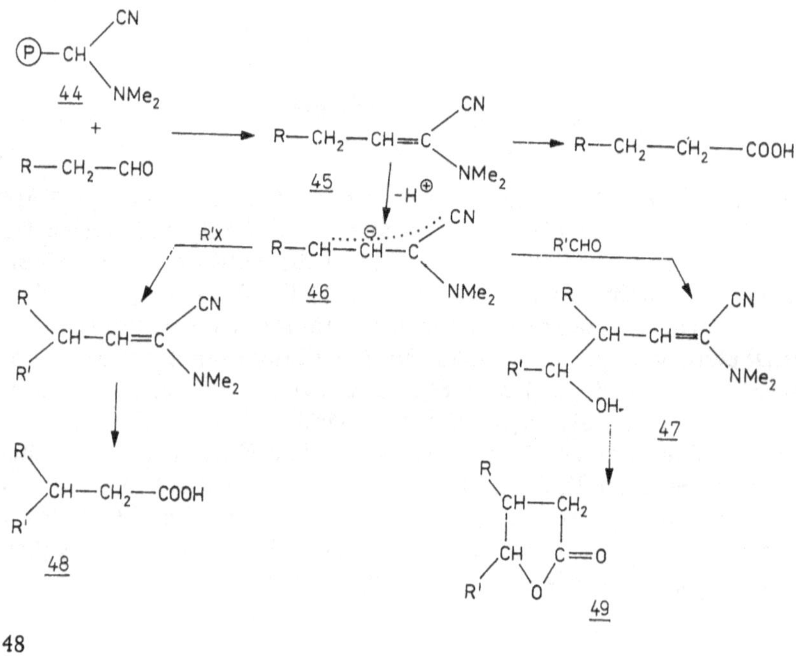

anziehenden Nitrilrest ausgetauscht ist. Die Synthese des Phosphonates **44** gelingt auf einem einfachen Weg, und bei Umsetzung mit einer Carbonylverbindung entsteht unter Phosphat-Ablösung das Cyanoenamin **45**. Hydrolysiert man, so entsteht wieder die homologe Carbonsäure. Die Hydrolyse ist, wie bei den Ketenmercaptalen, nicht die eigentlich interessante Reaktion. Diese Cyanoenamine sind nämlich ebenfalls sehr begehrte Synthesehilfsmittel und sie sind auf keinem der bisher bekannten Wege so einfach und so variabel hinsichtlich der Struktur darstellbar. Deprotoniert man z. B. **45**, so entsteht ein Anion **46**, das in γ-Position elektrophil substituierbar ist. Alkyliert man dort z. B., dann hat man nach der Hydrolyse eine Carbonsäure **48**, die gegenüber dem zur Enaminsynthese eingesetzten Aldehyd um das R' des Alkylierungsmittels und eine Carboxylgruppe verlängert ist. Verwendet man als Elektrophil eine andere Carbonylverbindung, so entsteht primär ein Addukt **47**, nach Hydrolyse – sicher über die zugehörige Hydroxycarbonsäure – das entsprechende Lacton **49**, das nun gegenüber der eingesetzten Carbonylverbindung um einen R'–CHO– und den Carboxylteil verlängert ist. Diese Synthesen, wie auch viele andere der hier erwähnten Untersuchungen mit den N-substituierten Phosphonaten, hat Herr Dr. Costisella durchgeführt und hat das Verfahren auch schon zusammen mit Herrn Prof. Schick und Mitarbeitern seiner Arbeitsgruppe zur Lösung eines wichtigen praxisrelevanten Problems heranziehen können.

Das nächste Schema weist auf eine noch offene Frage: L. Maier hat kürzlich nach der von uns früher beschriebenen Methode das N-dibenzylierte Bisphosphonat **50** hergestellt, Hydrogenolyse gab die freie Aminoverbindung **51**. Das geht zwar gut, für die Gewinnung größerer Mengen des Amins **51** ist die Methode wenig geeignet, u. a. weil man große Mengen an Katalysator benötigt. Das Produkt wäre aber als Synthon sehr interessant. Wir haben alle Wege versucht, die wir für gangbar hielten, um dieses Amin

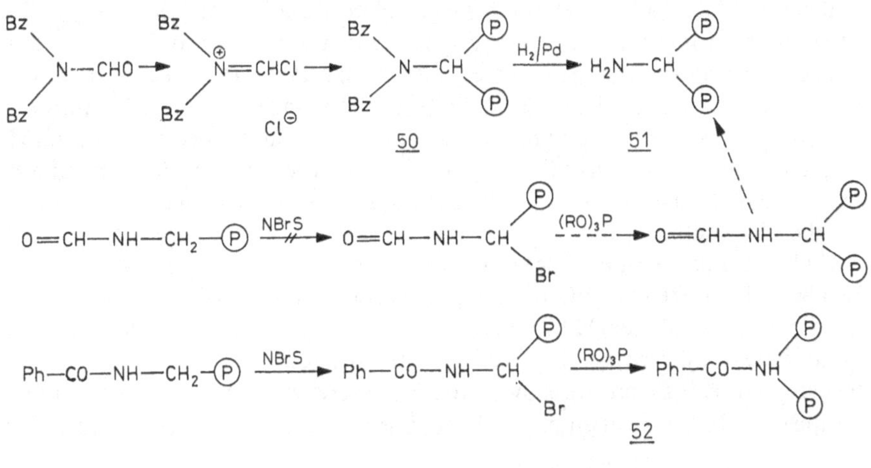

zu bekommen, u. a. auch den in der mittleren Zeile des nächsten Schemas, weil wir wissen, daß der Formylrest hier leicht abspaltbar ist, ohne daß die Estergruppen des Phosphonats in Mitleidenschaft gezogen würden. Wir versuchten gerade diesen Weg, weil nämlich W. Steglich kürzlich ganz analog das Benzoylderivat **52** synthetisierte. Nur bekommt man ohne unerwünschte Reaktionen an den Phosphonatresten bei **52** die Benzoylgruppe nicht herunter. Hier suchen wir noch nach einem guten Verfahren, nach einer guten Idee, für ein brauchbares Verfahren. Wir haben Diphosphonate verschiedenster Struktur dargestellt, denn Verbindungen dieses Typs sind für die medizinische Diagnostik und neuerdings auch für die Therapie von Knochenerkrankungen im Gebrauch.

Wir haben berechtigte Hoffnung, daß demnächst hier eine Diphosphonsäure zur medizinischen Anwendung kommt, um deren Syntheseverfahren wir uns sehr bemüht hatten. Neuerdings sucht man ja überall aus gegebenem Anlaß neue Virustatica, und unter Verbindungen mit dem Bisphosphonsäure-Strukturelement zeigten kürzlich einige Typen überraschende Aktivitäten (Verhinderung der Virus-Replikation). Deshalb auch unsere Bemühungen in dieser Richtung.

Nun zum Schluß noch zwei Bemerkungen. Ich hatte eingangs erwähnt, daß wir den Dichlorether (**2**) durch einen Zufall fanden. Wir hatten ihn gar nicht gesucht, denn laut Literatur sollte er ja nicht entstehen. Ich erinnere mich aber noch gut an eine andere Anregung, lieber Herr Rieche, die ich für sehr wichtig halte: Sie haben uns immer ermutigt, nicht etwa Literaturirrtümern nachzuspüren, aber in berechtigten Fällen immer zu fragen, warum wohl etwas nicht gehen oder warum eine Verbindung nicht stabil sein soll, obwohl man kurz gesagt ein positives Resultat erwarten könnte. Und wir sollten dann, wenn wir eine Idee hätten, wie man doch zum Ziel kommen könne, diesen Gedanken auf jeden Fall verfolgen, sofern es sich um ein lohnendes Ziel handelte.

Einen solchen Fall im letzten Schema, ohne Details. Laut Literatur sollte Monochlortetrahydrofuran (**53**) nicht darstellbar sein, weil unter den Bedingungen der Chlorierung gleich ganz andere Reaktionen ablaufen würden. Wir wollten aber gerade dieses Produkt und insbesondere das 2,5-Dichlorderivat (**54**) untersuchen. Die Synthese der beiden Produkte gelang uns schließlich, dafür hatten wir uns allerdings eine besondere Chlorierungstechnik einfallen lassen. Die beiden Produkte waren tatsächlich zwei interessante Synthesehilfsmittel.

Und hier nun die zweite Bemerkung: Sie konnten sich so herrlich über den Erfolg anderer freuen. Wir haben gesehen, wie dieses „Mitfreuen" geeignet ist, die Kreativität der Mitarbeiter anzuregen. Aber was ich noch wichtiger fand: dieses „Mitfreuen" hat ganz wesentlich zur Atmosphäre des Instituts beigetragen, es gab nie irgendwelchen Konkurrenzneid mit all' seinen unerfreulichen Nebenerscheinungen. Und dieses „Sich-Mit-Freuen-Können" ist

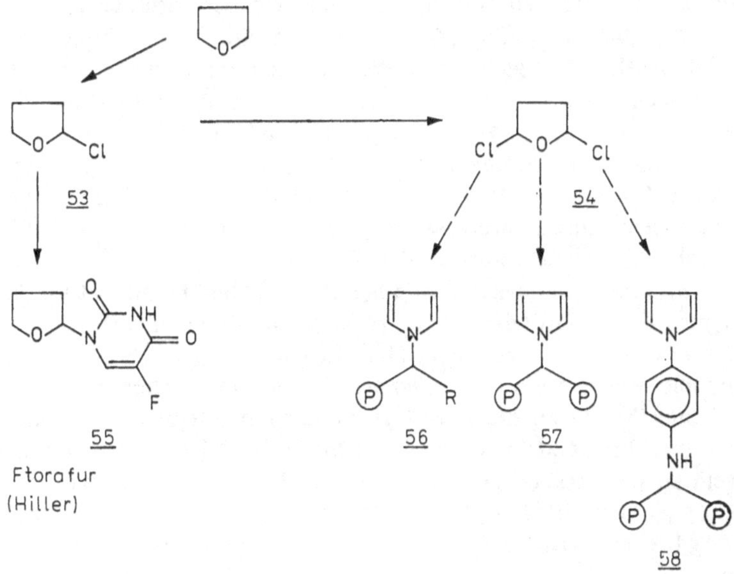

m. E. auch eine Frage der Haltung. Sie erinnern sich an den Besuch von Herrn Hiller, dem Direktor des Instituts für Organische Synthese in Riga (1959). Wir erzählten ihm von den chlorierten Tetrahydrofuranen, und er fragte spontan, ob wir nicht versucht hätten, das Chlor bei **53** auszutauschen gegen N-Heterocyclen, die als Nucleinsäureantimetaboliten, als Cytostatica, wirksam wären. Seine Idee war, daß diese oft schwer verträglichen Arzneimittel durch Kombination mit diesem, einem Kohlehydrat entfernt verwandten Furanderivat, den natürlichen Nucleosiden ähnlicher und damit besser wirksam und vielleicht besser verträglich würden. Das war eine ausgezeichnete Idee, wir hatten selbst nicht an solche Versuche gedacht, und er bot uns eine Zusammenarbeit an. Das hätten wir gerne gemacht, nur war eine solche internationale Kooperation rein technisch damals noch sehr schwer. Herr Hiller hat dann mit unserer ausdrücklichen Zustimmung die Versuche allein gemacht, und der Erfolg ist dieses Produkt: Ftorafur (**55**), ein ausgezeichnet wirksames Cytostaticum, viel besser als Fluoruracil selbst. Herr Hiller hat das Medikament in Riga selbst produziert in seinem Technikum, inzwischen läuft seit Jahren eine Anlage mit beträchtlicher Kapazität in Japan. Und nun weiß ich mich wieder gut daran zu erinnern, wie Sie, lieber Herr Rieche, sich über diesen Erfolg von Herrn Hiller freuten: man könne nicht alles selbst machen, wir alle stünden immer auf den Schultern unserer Väter und Lehrer, und schließlich hätten wir auch zu der Synthese dieses Produktes eben durch die Darstellung des Chlortetrahydrofurans beigetragen, auch wenn wir nun nicht unmittelbar am greifbaren Erfolg beteiligt wären. Ich finde dies eine Haltung, die keines weiteren Kommentars bedarf.

Und schließlich der letzte Teil des Schemas: aus dem Dichlorether **54** bzw. dem hieraus darstellbaren Diethoxyderivat stellten wir schon früher N-substituierte Pyrrole dar. Auf gleichem Wege erhielten wir jetzt aus Aminomethanphosphonaten das Mono- **56** bzw. Bisphosphonat **57**, und soeben gelang auch die Synthese der arylaminoanalogen Verbindung **58**.

Ich nannte vorhin im Zusammenhang mit Bisphosphonsäuren den Terminus Virostatica. Wir versprechen uns von Verbindungen mit diesem und ähnlichen Strukturelementen interessante Anwendungen in der medizinischen Diagnostik und vielleicht auch in der Therapie.

Ich freue mich, Ihnen hier zeigen zu können, daß dieser „alte Stollen", diese Pyrrolsynthese, noch fündig ist. Betrachten Sie diesen neuen Anfang als einen besonderen Gruß an Sie, lieber Herr Rieche: einen Gruß und einen Dank für die viele Mühe, die Sie sich gemacht haben, uns chemisch denken zu lehren und uns Freude an der Arbeit zu vermitteln. Bleiben Sie gesund und zusammen mit Ihrer Gattin so frisch wie bisher, und ich wünschte mir, Ihnen zu Ihrem 90. Geburtstag dann berichten zu dürfen, daß ausgerechnet die Untersuchungen von Bisphosphonsäuren mit diesem Pyrrol- und ähnlichen heterocyclischen Strukturelementen etwas Diskussionswürdiges erbracht hätten.

An den hier referierten Untersuchungen waren außer den schon genannten Kollegen Dr. Gloede, Frau Keitel und Dr. Costisella noch die Herren Dr. Gnauk, Dr. Seibt, Dr. Brennecke, Prof. Dr. Riesel, Dr. Rusche, Frau D. C. S. Ozegowski und Frau D. C. Haußdörfer sowie Frau Dr. Mlotkowska und Herr Prof. Dr. Mikolajczyk/Lodz beteiligt. All' diesen Kollegen danke ich für die engagierte und vertrauensvolle Zusammenarbeit.

Alfred Rieche

Schlußwort

Sehr verehrter Herr Sekretar!
Sehr verehrte Damen und Herren!

Ich bin völlig fassungslos darüber, wie ich hier gelobt worden bin, nicht nur durch die Laudatio, sondern auch in den Vorträgen. Zunächst beseelt mich ein großes Gefühl des Dankes an alle, die mir hier Gutes für die Zukunft und Gesundheit gewünscht haben und meine bescheidenen – ich empfinde sie als bescheiden – Beiträge zu ihrer Entwicklung und zu ihren Forschungsergebnissen so dargestellt haben. Ich kann nur sagen, wie einst der leider verstorbene Kollege Scheibe einmal sich ausdrückte: „Ein wissenschaftlicher Leiter ist nur soviel wert, wie die Summe seiner Mitarbeiter", so daß ich jetzt eigentlich eine Laudatio für die Mitarbeiter halten müßte.

Aber zunächst noch herzlichen Dank für vieles Andere.

Erstens für die Organisation dieser Festveranstaltung, die ja vom Zentralinstitut für Organische Chemie, speziell vom Bereich Organische Zwischenprodukte, den Herr Seeboth leitet, organisiert wurde. Ich möchte Herrn Schmitz und Frau Gründemann danken, die die Hauptlast der Organisation getragen haben. Ferner möchte ich auch den vielen Mitarbeitern der Akademie danken, zum Beispiel Herrn Jonach, der zum Gelingen dieser Veranstaltung beitrug. Weiterhin danke ich dem Kollektiv von Herrn Öhlmann, das nachher für unser leibliches Wohl und für die Erholung sorgen soll. Und ich danke den vielen stillen Mitarbeitern, die nicht unmittelbar in Erscheinung getreten sind. Allen danke ich auch, die heute hier erschienen sind und die eine weite Reise nicht gescheut haben, um hier teilzunehmen und zu gratulieren. Dank auch dem Präsidium der Akademie, das mir einen sehr anerkennenden und wertvollen Brief geschrieben hat.

Ganz besonderer Dank Ihnen, Herr Schmitz, für diese Laudatio. Zu jedem runden Geburtstag wird dieses schwerer, da sich in der Zwischenzeit eigentlich nichts Lobenswertes ereignet, außer daß man überlebt. Herr Keil hatte es 1977 zum 75. Geburtstag schon schwer, Herr Vizepräsident Klare 1982 noch schwerer und fand doch soviel Neues zu sagen. Beide hatten diese so schwierige Aufgabe – wie ich damals schon anerkennend sagte – in meisterhafter und bewundernswerter Weise gelöst. Und so ist das auch Herrn Schmitz gelungen, wofür ich ihm ganz besonders danken möchte.

Ich sagte 1982 in meinem Schlußwort allen, die sich soviel Arbeit gemacht hatten: „Mögen Sie sich trösten, nochmal wird der 80. Geburtstag nicht gefeiert." Und nun hat mich ein gütiges Schicksal 85 Jahre werden lassen und sie haben wiederum dieselbe Arbeit. Ich wollte keine besondere Beachtung dieses Tages, aber die Mitarbeiter haben es strikt abgelehnt, diesen Tag einfach zu übergehen und darauf bestanden, daß diese Festveranstaltung zustande kam.

Die Schüler und früheren Mitarbeiter wollten also nichts von einem Verzicht hören, und nun müssen sie die Folgen selber tragen. So bin ich glücklich, daß ich diesen, nur Wenigen vergönnten Tag in diesem Kreise mit Ihnen verleben darf.

Was soll ich nun im Schlußwort sagen, wo ich doch 1977 und 1982 alles gesagt habe? Man lese nur die Sitzungsberichte der Akademie 1978 und 1983. Ich las diese noch einmal durch und war vollständig entmutigt, da ich nicht wußte, was ich nun noch sagen sollte.

Soviel Positives wurde gesagt. Ich habe keine Möglichkeit, über neue Erfolge zu berichten, es sei denn, daß 9 Schüler jetzt Professoren sind, davon einige Institutsdirektoren. Und ich konnte vielen Jüngeren etwas auf ihren Lebensweg geben, wie ich aus so vielen Briefen und Gratulationen ersah. Das hat mich sehr glücklich gemacht. Ich habe auch schon über das Problem der Anekdoten gesprochen, welche die Jüngeren von einem Älteren wohl erwarten. Goethe sagte einmal sinngemäß: „Anekdoten sind ein kostbarer Besitz für einen Weltmann, der diese bei passender Gelegenheit artig in das Gespräch einzustreuen versteht." Aber ist dies heute die Gelegenheit, Anekdoten zu bringen? Ich hätte ein ganzes Buch davon, wenn ich es schreiben könnte. Vor 5 Jahren sagte ich meinen Dank an die Lehrer und die Schüler, an die vielen Menschen, die mir geholfen haben, die mein Leben bereicherten. Ich sprach davon, wie meine Prinzipien bei der Auswahl der Mitarbeiter, bei der Leitungstätigkeit und bei der Menschenführung waren. Alles das kann man in den Sitzungsberichten lesen. Da kann ich nur sagen, daß mich dieselben Dankesgefühle, die mich damals vor 5 Jahren beseelten, auch heute wieder bewegen.

Über Jubilare sagt man bei einer solchen Feier nichts Kritisches, wie etwa auch de mortuis nihil nisi bene. Es werden fast nur Erfolge geschildert. Und da ist mir der Gedanke gekommen, eine Art Antilaudatio zu geben, d. h. über die Dinge zu sprechen, die kein Erfolg waren, die nicht genügend genutzt wurden, die nicht erkannt wurden – gleich aus welchen Gründen. Das ist eine lange Liste, von der ich nur eine kleine Auswahl treffen kann. Um glaubwürdig zu sein, muß man auch die Mißerfolge als selbstverschuldet eingestehen.

Zunächst ein Beispiel aus der Frühzeit meiner Tätigkeit als Assistent in Erlangen, gekennzeichnet durch einen Mißerfolg und doch einen kleinen Erfolg durch Zufall. Das war schon im Jahre 1925. Durch Behandlung oxydierbarer organischer Stoffe mit Sauerstoff (eventuell auch unter UV-Bestrahlung) wollte ich Wasserstoffsuperoxid gewinnen. Der Grundgedanke war richtig, denn heute wird aus 2-Ethylanthrahydrochinon und Sauerstoff bzw. auch aus Isopropanol und Sauerstoff Wasserstoffsuperoxid hergestellt. Wasserstoffsuperoxid ist dadurch eines der billigsten Oxydationsmittel geworden. Mein damaliger Versuch schlug fehl, es entstand kein Wasserstoffsuperoxid. Bei der Badischen Anilin- und Sodafabrik wurde durch Riedel und Pfeiderer 1935 ein technisches Verfahren auf der Basis 2-Ethylanthrahydrochinon entwickelt. Ich setzte etwas Wasserstoffsuperoxid zu oxydierbaren Äthern zu, z. B. Dibenzyläther, und machte die Beobachtung, daß das Wasserstoffsuperoxid nicht im UV-Licht zerfiel. Daraus entstand dann mein erstes Patent der Stabilisierung von Wasserstoffsuperoxid und Wasserstoffsuperoxid-Harnstoff mittels Äthern. Ich war so beglückt durch dieses Ergebnis, daß ich das größere, eigentliche Ziel vergaß. Die Erkenntnis, daß Äther das Wasserstoffsuperoxid stabilisieren können, wurde natürlich sofort zum Patent angemeldet. Da ich ein Einmann-Betrieb war, mußte ich mich in das Patentgesetz einarbeiten, mußte das Patent selbst aufsetzen und einreichen, später dann auch in einer mündlichen Einspruchsaffäre verteidigen. Aber ich bekam mein erstes Honorar, und das war dringend nötig, denn man mußte damals mit 350 M Monatsgehalt als Assistent seine Einnahmen nach den Ausgaben richten und nicht umgekehrt. Also wurde der Dibenzyläther, das war der bestgeeignete Äther, ein Stabilisator für Wasserstoffsuperoxid-Harnstoff, die damals sogenannten Ortizon-Pastillen. Dann kam die zweite Idee, eine Pastille zur Desinfektion der Mund- und Rachenhöhle herzustellen. Sie wurde auch zum Patent angemeldet und verkauft. Doch die Richtung war im Grunde genommen falsch! Wenn ich nämlich dabei geblieben wäre, Wasserstoffsuperoxid durch Oxydation organischer Stoffe herzustellen, dann wäre es das große, richtige Ziel gewesen.

Dann kam 1933 der Übergang in die Industrie. Wir führten mit Maier-Bode eine von uns als „gekoppelte Oxydation" bezeichnete Reaktion durch. Bei dieser wurden kombiniert ein Aldehyd und ein Olefin mittels Sauerstoff oxydiert. Dabei entstanden entweder Epoxide oder auch Glycolester. Das wurde 1940 zum Patent angemeldet, aber wir kamen nicht dazu, es technisch auszuarbeiten. Erst 1953 wurde dieses Patent erteilt. 1951 wurde in den USA ein ähnliches Patent einer anderen Firma erteilt, und die Reaktion hat inzwischen für die Herstellung von Epoxiden (außer Ethylenoxid und Propylenoxid) Bedeutung erlangt.

Eine andere Arbeit fand mit H. Stetter in Anlehnung an Schumachers Beobachtung der halogeninduzierten Oxydation statt. Wir fanden ein Verfahren zur Herstellung von Halogenessigsäuren, z. B. Dichloracetylchlorid wurde aus Trichlorethylen gewonnen und Trichloracetylchlorid aus Tetrachlorethylen hergestellt. Das ist ein Großverfahren in den USA geworden; wir haben es nicht genutzt.

Mit Weißenborn haben wir in der Farbenfabrik versucht, ein kontinuierliches Verfahren zur Herstellung von Mersol durch Sulfochlorierung unter UV-Bestrahlung zu entwickeln. Daraus ist dann später das sogenannte Kaskadenverfahren entstanden. Die dazu erforderlichen Apparate – das waren große Säulen mit Fenstern zur Bestrahlung – sehe ich heute immer noch vor mir liegen, sie sind vielleicht nie in Betrieb genommen worden.

Ebenso ist es mit den Ligninharzen als Ersatz für Bakelite gewesen. Diese Frage wurde zwar später noch mit Frau Redinger in Berlin weiterbearbeitet. Wir haben alle Ligninarten untersucht. Aus Scholler-Lignin wurden im Kriege Lignin-Phenol-Formaldehyd-Harze technisch hergestellt.

Und nun eine Sache, die leider nicht von uns durchgeführt wurde. Sie kennen die „Wofatite", die Herr Griessbach in der Farbenfabrik Wolfen mit seinen Mitarbeitern entwickelt hat. Ich hatte die Idee, solche „Wofatite" mit optisch aktiven Basen herzustellen, um optisch aktive Säuren zu trennen und auch umgekehrt. Ich sehe immer noch die Brucin-Flasche vorwurfsvoll in meinem Schrank stehen. Das Brucin sollte in das Harz eingebaut werden, aber ich fand keine Gegenliebe in der Anorganischen Abteilung, die sich mit der Wofatitherstellung befaßte. Erst in Berlin haben wir das wieder aufgegriffen; es existiert ein Patent von Rieche und Groß vom 18. 5. 1958, wo wir chlormethyliertes Polystyrol mit optisch aktiven Basen umsetzten. Aber es war wohl eine Überforderung von uns, da wir keinerlei Erfahrungen über die Herstellung von Austauscherharzen hatten. Außerdem stand uns das, worüber Herr Groß heute berichtet hat, näher. Das wurde dann bearbeitet, und so wurde dieses Patent nie ausgenutzt. Die Chloräther erschienen uns interessanter und sind es wohl auch geblieben. Allerdings ist heute unser Gedanke zur Trennung von optischen Isomeren technisch durchaus realisiert worden. Die Laufzeit der Patente – das muß ich in diesem Zusammenhang hier sagen – ist eigentlich leider zu kurz, denn die Entwicklung eines Arzneimittels dauert beispielsweise 14 – 15 Jahre, und dann ist das Patent schon abgelaufen. So ist es auch bei dem Patent, von dem ich hier spreche. Die Patentgebühren werden mit längerer Laufzeit immer teurer und das Patent brachte nichts ein. Jetzt ist das Patent natürlich längst verfallen.

Doch nun möchte ich noch einmal zu der Zeit der Arbeit im Institut für Organische Chemie (dem jetzigen Bereich Organische Zwischenprodukte) in Berlin und im Institut für Technische Chemie in Jena zurückkommen. Das Hauptgebiet waren ja zunächst die Peroxide. Hier lag ein erfolgreicher Schwerpunkt unserer Arbeit. Ergebnisse der Grundlagenforschung wurden aber leider nicht voll ausgeschöpft. Viele Modellversuche wurden gemacht. So entstand z. B. auch der Begriff der autoxydativen Infektion, d. h., wenn eine Verbindung anoxydiert ist und man leitet Sauerstoff ein, dann ist das wie eine bakterielle Infektion und die Oxydation setzt sich als Kettenreaktion fort. Heute lese ich oft von Arbeiten biologischer Richtung, vor allem auch auf dem Lebensmittelgebiet, die sich mit dieser von uns nur angedeuteten Reaktion befassen. Dann wurde auch das Mesityloxidperoxid erwähnt, das

Herr Gründemann bearbeitet hat. Herr Aust aus den Buna-Werken hatte den Gedanken, dieses sehr beständige Peroxid dem polymerisierten Polystyrol zuzusetzen, aus dem man ansonsten den nichtpolymerisierten Anteil extrahieren mußte. Bei der Verarbeitung des Polystyrols im Extruder bei hoher Temperatur reagierte dann dieser Rest und wirkte noch vernetzend. Damit sparte man die Auswaschung und konnte die Produktion in den vorhandenen Anlagen erhöhen. Ich weiß, daß Herr Aust und die Buna-Werke sich bemühten, dieses Verfahren in anderen Ländern unterzubringen. Es gelang nicht.

Jetzt ist mir bekannt, daß Mesityloxidperoxid für diese Zwecke in der ganzen Welt verwendet wird und ein technisches Produkt geworden ist. Wir hatten also die Ergebnisse nicht so ausgeschöpft, wie wir das wollten.

Von den vielen nicht realisierten Versuchen zur Gewinnung von Futterhefe aus Industrieabwässern will ich nicht sprechen. Wir haben sehr viel Arbeit in das sogenannte Asche-Luft-Verfahren investiert, bei dem phenolhaltige Abwässer der Schwelereien usw. mittels Luft und Asche behandelt wurden, um die Phenole zu oxydieren und dann zu adsorbieren. Diese Versuche wurden auch in verschiedenen Braunkohlenverarbeitungsbetrieben durchgeführt. Wir haben dann diese entphenolierten Abwässer verheft. Das waren Versuche mit Hilgetag, Martini und Lorenz. Die Versuche sind auch gelungen, aber es ist nie zu einer technischen Durchführung gekommen. Ich erinnere dann auch noch an andere Substrate, wie das Kartoffeldünnwasser der Stärkefabriken, oder an die Idee von Martini, Kartoffeln zu hydrolysieren und zu Eiweißfutter zu verarbeiten. Dabei möchte ich dann auch die Arbeiten von Herrn Dahlmann erwähnen, der sich damit beschäftigte, das Xylit (das in den Braunkohlengruben nur schädlich und unangenehm war) zu hydrolysieren. Er hatte ein kontinuierliches Verfahren ausgearbeitet, man konnte das schon als halbtechnisch bezeichnen. Dieses hydrolysierte Xylit sollte dann verheft werden. Auch das ist aus vielen Gründen nicht verwirklicht worden.

In Rodleben wurde die Paraffinoxydation durchgeführt, deren Ablauf mich natürlich interessierte. Auf Grund von Modellversuchen stellte ich 1937 ein Schema auf. Die bei der Oxydation primär gebildeten Hydroperoxide sollten den Zerfall unter Spaltung der Kohlenstoffkette einleiten. Langenbeck und Pritzkow wiesen 1950 nach, daß diese Vorstellung unter den Bedingungen der Paraffinoxydation bei 110–120 °C nicht richtig ist. Das war also eine Fehlvorstellung von mir. Das Abwasser der Paraffinproduktion war übrigens eine große Belastung für die Elbe, und es wurden daher Versuche unternommen, dieses Abwasser zu verhefen. In Rodleben lief längere Zeit eine Verhefungsanlage für das Abwasser der Paraffinoxydation. Aber aus verschiedenen Gründen wurde auch dieses Verfahren großtechnisch nicht umgesetzt.

Eine andere Idee, deren Realisierung über unsere mikrobiologischen

Fähigkeiten einfach hinausging: Gewisse Holzschädlinge legen in ihren Bohrlöchern Pilzkulturen an, die den Stickstoff aus der Luft und die übrigen Nährstoffe aus dem Holz bezogen. Die Aberntung erfolgte dann durch den Schädling. Die Idee war nun, solche Pilze zu isolieren, zu züchten und eventuell eine Symbiose mit Wuchshefe herbeizuführen, diese submers unter Belüftung zu züchten und damit dann das Ammoniak zu sparen. Wir verschafften uns entsprechendes Holz und bekamen auch diese Schädlinge, aber wir konnten mangels mikrobiologischer Kenntnisse diese Pilze nicht züchten und die ganze Sache schlug fehl. Daraus sieht man, daß man bei seinem Leisten bleiben soll und nicht etwas versuchen soll, was man nicht kann. Ganz abwegig ist der Gedanke aber nicht. Man findet in tropischen Feuchtwäldern eine Symbiose zwischen Mykorrhiza-Pilzen, die alle Nährstoffe liefern, und den Bäumen, die Kohlehydrate liefern.

Ein weiteres Gebiet wurde nicht genügend genutzt bzw. ist auch zum Teil fehlgeschlagen. Das ist das Gebiet der synthetischen Senfölbildner, das Herr Martin bearbeitet hatte. Es sind eine Menge Präparate dadurch gefunden worden, die als Fungicide gegen Hautpilze, gegen Trichophytie der Rinder, gegen Bartflechte beim Menschen usw. eingesetzt werden können. Eines hatten wir dabei nicht beachtet. Diese Senfölbildner sind ein hervorragendes Bodendesinfektionsmittel z. B. für Gewächshäuser oder für besonders intensiv bewirtschaftete Böden. Methyl- und Allylsenfölbildner sind große Produkte geworden, die leider nun auch importiert werden müssen. Wir hätten bei etwas mehr Weitblick und Möglichkeiten wahrscheinlich diese Mittel als Bodendesinfektionsmittel gefunden. Die Senfölbildner haben auch eine Wirkung gegen Viren. Wie sich in Versuchen gegen virusbedingte Tierseuchen, die auf Riems mit Herrn Röhrer durchgeführt wurden, zeigte, leider nur in vitro, nicht in vivo.

Ich habe einige dieser Dinge genannt, die fehlgeschlagen sind. Man kann daraus etwas lernen. Wenn man einen Erfolg hat und ein wirklich bedeutendes und wichtiges Ziel sieht, so muß man dabeibleiben und diese Richtung entwickeln. Man muß nicht zuviel, nicht alles machen wollen, was einem einfällt. Wir hatten im Labor in Wolfen einen sehr erfindungsreichen Chemiker. Sein vorgesetzter Abteilungsleiter sagte: „Wenn ihm doch nur einmal sechs Wochen lang nichts Neues einfallen würde!" Dann gab er ihm einen zähen Mitarbeiter, der sich nicht von der Richtung abbringen ließ. Dieses Gespann brachte dann verschiedene neue Produkte heraus. Die Lehre daraus ist, ideenreiche Mitarbeiter zusammenarbeiten zu lassen mit zähen Durchführern, Vollendern. Natürlich ist es dann Aufgabe des Leiters eines Instituts, dafür zu sorgen, daß man nicht jeden Einfall zäh verfolgt, d. h., daß man den Wert einer Sache richtig erkennt und einschätzt.

Doch nun zum Schluß etwas Erheiterndes aus meiner Assistentenzeit in Erlangen. Wie ich bereits sagte, mußte ich auch lukrative Dinge bearbeiten.

Davon möchte ich zwei Beispiele bringen, die zwar für mich nicht nutzlos waren, aber sich doch nicht praktisch bewährten.

Das eine war der „Bierwürfel". In den USA galt zu dieser Zeit die Prohibition. Eine Nürnberger Firma hatte die Idee, einen Würfel zu bringen, der wie ein Bouillon-Würfel in Selterswasser gelöst wird, Alkohol enthält und wie Bier schmeckt. Ein Kollege hatte eine physiologisch einwandfreie Substanz gefunden, die mit Alkohol eine gelartige Verbindung lieferte. Von einer Brauerei konnte man Würze beziehen, die im Vakuum eingedampft wurde. Es standen dauernd Bierkrüge auf meinem Tisch und es wurde gern probiert. Tatsächlich gelang es, einen Würfel herzustellen, der wie Salvator schmeckte, nicht etwa wie Pilsener. Aber als der Bierwürfel fertig war, war die Firma pleite und der Bierwürfel kam nie in den Handel, und außerdem ist die Prohibition dann aufgehoben worden.

Ein anderes Beispiel. Eine Firma, die sich „Immerfroh"-Gesellschaft nannte, hatte die Idee, für eine koffeinhaltige Anregungstablette ein Konkurrenzprodukt mit dem natürlichen Extrakt der Kolanuß herzustellen. Das ist eine glykosidisch gebundene Mischung von Koffein und Theobromin. Die Firma trat an mich heran, ob ich gegen ein kleines Fixum zur Gehaltsaufbesserung diese Sache ausarbeiten könnte. Ich extrahierte fleißig Kolanüsse, das gelang schließlich auch. Es wurde ein Extrakt gewonnen, aus dem man Tabletten hätte machen können. Aber dann blieb das Geld aus. Ich schrieb an die Firma, daß ich so nicht weiterarbeiten kann. Von der „Immerfroh"-Gesellschaft kam daraufhin ein Brief mit etwa folgendem Inhalt: Wir müssen Ihnen leider mitteilen, daß wir Konkurs anmelden mußten. Unser Buchhalter ist mit dem Bankkonto verschwunden und wir sind zahlungsunfähig geworden. Mit immerfrohem Gruß! Ihre „Immerfroh"-Gesellschaft. Das war natürlich von dieser Firma ein Meisterstück des Anpassens an die Verhältnisse.

Man könnte aus alldem, was ich sagte, den Schluß ziehen, daß ich über vieles enttäuscht bin, besonders vieles nicht richtig erkannt oder ausgeschöpft habe, daß ich darüber traurig bin. Das ist aber keineswegs der Fall; das hat Herr Groß schon ausgeführt. Es ist für einen Wissenschaftler eine große Freude, zu erleben, daß ein Gedanke, eine Idee richtig war und von anderen verfolgt und Probleme gelöst wurden, die er selber nicht lösen konnte. Natürlich erfüllt es mich mit besonderer Freude, wenn ein Schüler oder Mitarbeiter die Gedanken fortführt und Erfolg hat, selbständig weiterdenkt und entwickelt, wie wir aus den heutigen Vorträgen gesehen haben. Wenn eine Sache von anderen Kollegen in anderen Ländern verwirklicht wird, dann ist das für mich auch sehr erfreulich, denn es sind zum Glück ja alles Dinge, die wir angeschnitten und bearbeitet haben, die dem Wohl der Menschheit dienen und die einen Fortschritt bringen. Es ist leicht, so zu denken, wenn man alt ist und kein Erfolgsbedürfnis mehr hat. Darum zum Schluß noch zwei Zitate über das Alter:

Goethe sagte einmal: „Alle Verhältnisse ändern sich, und man muß entweder zu handeln ganz aufhören, oder mit Willen und Bewußtsein das neue Rollenfach übernehmen."

Optimistischer, freudiger klingt ein Wort des Gärtnerphilosophen Karl Foerster. Er schrieb: „Der ungeheure blühende Lebensraum, genannt Alter, ist kein Ruheasyl, sondern vorwärtseilende und drängende Erntezeit für andere und für sich, bestrahlt von der Sonne des Dankgefühls gegen Lebende und Abgeschiedene."

ISBN 3-05-500 515-5
ISSN 0138-3965

Papier | Fördert gute Waldnutzung
FSC® C083411

Zeitfracht Medien GmbH
Ferdinand-Jühlke-Straße 7
99095 Erfurt, Deutschland
produktsicherheit@kolibri360.de

Veröffentlichungen der Gesellschaft für Heilkunde in Berlin.

VII.

Vierte öffentliche Versammlung.

der

balneologischen Section

am 18. und 19. März 1882.

Im Auftrage der Section

herausgegeben

von

Dr. Brock,

pract. Arzt in Berlin, Schriftführer der Gesellschaft für Heilkunde.

Berlin, 1882.

Druck und Verlag von G. Reimer.

Inhalts - Verzeichniss.

Versammlung am 18. März 1882.

Vorsitzender: Herr **G. Thilenius** (Soden-Berlin).

Derselbe eröffnet die Versammlung um 7 Uhr Abends:

Meine hochverehrten Herrn Collegen!

Kraft des mir im vorigen Jahre gewordenen Auftrages erlaube ich mir hiermit die 4. Versammlung der balneologischen Section der Gesellschaft für Heilkunde zu Berlin zu eröffnen. Ich brauche mich heute in dieser zahlreichen hochansehnlichen Versammlung wahrlich nicht mehr über unsere Ziele zu verbreiten, denn die grosse Zahl der Besucher documentirt an und für sich schon genügend, dass der Gedanke, auch den balneologischen wissenschaftlichen Bestrebungen hier in der Reichshauptstadt einen Vereinigungspunkt zu schaffen, ein gesunder gewesen ist. So lassen Sie uns denn freudig wieder an unsere Arbeit gehen. Wir schauen ja auch schon auf eine Reihe von hochbedeutenden Arbeiten zurück und ich freue mich sagen zu können, dass, wenn es auch anfangs schien, als ob die Anerkennung denselben fehlen sollte, sie später doch recht nachhaltig und kräftig nachgekommen ist; unsere Veröffentlichungen nehmen einen ehrenhaften Platz in der medicinischen Literatur ein. Also glaube ich, wir können mit der vollen Zuversicht des ferneren Gelingens auch heute an unsere Arbeit gehen, und in diesem Sinne rufe ich Ihnen ein freudiges Glückauf zu.

Damit aber, meine Herren, ist meinen verehrten Collegen im Vorstande und mein Mandat erloschen. Indem ich es in Ihre Hände zurücklege, kann ich nicht umhin, meinem verehrten Collegen Fromm, ganz besonders aber dem Collegen Brock meinen aufrichtigsten herzlichsten Dank hier öffentlich auszusprechen für die Summe von Arbeit, die er geleistet hat in altgewohnter Treue und altgewohntem Eifer, um unsere Sache in Gang zu halten, denn so ganz von selbst macht sie sich auch nicht, und ich vor allen Dingen habe Ursache, diesmal meinem verehrten Freund und Collegen Brock besonders zu danken, weil nicht blos die parlamentarischen, sondern auch viele Privatarbeiten mich verhindert haben, soviel, wie ich sonst gewohnt war, mich um die Arrangements und um die nothwendigen Arbeiten zu kümmern. Und nun, m. H., bitte ich Sie, zur Neuwahl des Vorstandes zu schreiten.

Herr Brehmer: Ich schlage Wiederwahl des Vorstandes durch Acclamation vor. (Bravo!)

Herr Thilenius: Wenn sich kein Widerspruch gegen diesen Vorschlag erhebt, so nehme ich ihn für angenommen an. (Allseitige Zustimmung.)

Nun, m. H., es kann für uns keine grössere Anerkennung unserer Bestrebungen geben, als wenn Sie uns immer wieder mit Ihrem Vertrauen beehren. Wir werden das unserige thun, um auch ferner des Vertrauens würdig zu sein. Erlauben Sie nun, dass ich nach § 4 Alin. 2 unserer Satzung zur Cooptation des Vorstandes schreite, indem ich diese Cooptation dahin verstehe, dass der Cooptirte während der Dauer dieser öffentlichen Versammlung als Mitglied des Vorstandes zu betrachten ist. In diesem Sinne erlaube ich mir Collegen Schweiger aus Franzensbad zu bitten, den Platz als Schriftführer und als Vorstandsmitglied für die öffentliche 4. Versammlung einzunehmen. (Geschieht.) Nunmehr können wir in die Tagesordnung eintreten, nachdem ich Ihnen noch einige Mittheilungen über den Personalbestand gemacht. Derselbe betrug bisher 138 Mitglieder. 7 Herren sind hinzugekommen, nämlich: Dr. Pelizaeus (Elgersburg), Dr. Uhle (Kösen), Dr. Michelsen (Schwalbach), Dr. Samueli (Teplitz), Dr. Burkart (Boppart a. Rh.), Dr. Voigt (Wiesbaden), Dr. Wolffberg (Bonn-Salzschlirf).

Ich heisse dieselben mit besonderer Freude willkommen und hoffe, dass sie noch recht viele Nachfolger finden werden.

Herr **G. Thilenius:**

Referat über die bezüglich der atmosphärischen Einflüsse auf die Entstehung von Lungenblutungen eingegangenen Arbeiten.

Zu meinem Bedauern muss ich Ihnen mittheilen, dass nur eine einzige, aber sehr gute Arbeit vom Collegen Dettweiler in Falkenstein eingegangen ist, die sich über 47 Fälle von Blutungen im verflossenen Sommer verbreitet. Ausserdem hat College Thomas aus Badenweiler, der die Sache angeregt hatte, geschrieben, dass es ihm leider nicht möglich gewesen sei, Zusammenstellungen zu machen, dass aber er sowohl, wie seine Collegen in Badenweiler eine ausserordentlich geringe

Zahl von Lungenblutungen in diesem Sommer überhaupt zu constatiren gehabt haben. Ganz in der gleichen Lage sind wir in Soden. Wir haben auch auffallend wenig Lungenblutungen gehabt, und ich kann leider gleichfalls nicht eine Zusammenstellung der meteorologischen Momente vorführen, weil unsere Station etwas in Unordnung gerathen war und die nothwendigen Berechnungen nicht gemacht werden konnten. Ich hoffe das aber für das nächste Jahr nachholen zu können. Was nun die Arbeit des Collegen Dettweiler anlangt, so ist dieselbe mit ganz ausserordentlichem Fleiss gemacht, aber wenn man daran gehen will, daraus die Gesetze zu deduziren, wie denn die einzelnen meteorologischen Momente, die nach unserer Meinung in Betracht kommen, also der Barometerstand, die Wärme, die Dunstspannung und die relative Feuchtigkeit thatsächlich eingewirkt haben, so ergiebt sich, dass man nicht recht zum Ziele kommt. Dr. Dettweiler hat immer vom Abend vorher den Barometerstand, die Feuchtigkeit und die Wärme notirt, aber in der ganzen Summe von 47 Fällen sind höchstens 5—6, wo das eintrifft, was wir als ursächliches Moment der Lungenblutung bisher anzunehmen gewohnt waren, nämlich: sehr hohe Wärme, hohe Feuchtigkeit, relativ hoher Barometerstand, plötzliches Einspringen irgend eines kalten Windes und dabei rasche Condensation der Feuchtigkeit. Ich glaube in der That, m. H., wir werden auf dem Wege, den wir beschritten haben, nicht zu einem durchgreifenden Resultate kommen. Es scheint mir, als müssten wir unbedingt auch die Dunstspannung, den Gang der absoluten Feuchtigkeit dabei mitberücksichtigen. Es handelt sich ja wesentlich darum, dass die Perspiration gehindert ist oder vielmehr das Perspirationsverhältniss plötzlich geändert wird. Wenn in einem Volumen Luft ein gewisser Feuchtigkeits-Procentsatz herbeigeführt ist, so ist es aber nicht allein der Procentsatz, der das ganze physikalische Verhältniss dieses Luftvolumens bestimmt, sondern es gehört dazu auch natürlich die Höhe der Spannung, unter der es sich befindet, denn nur aus der Summe der Feuchtigkeit plus Spannung, in der es steht, lässt sich ermessen, wie viel dieses Luftquantum noch aufnehmen kann, d. h. um wie viel die Gasexhalation aus dem Körper erleichtert oder erschwert ist. Darin aber, glaube ich, sind alle bisherigen Beobachter einig, dass wir in diesem Gasverkehr, in dem Hinderniss oder in der plötzlichen Beförderung, die dieser Gasverkehr unseres Körpers mit der Luft erleidet, die Ursache zu der Rhexis der Gefässe zu suchen haben. Ich möchte also bitten, m. H., dass wir uns durch die ersten leider nicht gerade befriedigenden Versuche durchaus nicht abschrecken lassen fortzufahren, und ich wiederhole die Bitte gerade an die Herren, die an Curorten practiciren, welche viel von Lungenkranken besucht werden, sich immer kurz zu notiren: Stunde des Eintritts der Blutung, Windrichtung, soviel als möglich auch Temperatur und Feuchtigkeit. Recht klar werden nur diejenigen über die Sache werden können, welche in der Lage sind, ihre Beobachtungen an den Aufzeichnungen eines

Registrirapparates zu vergleichen. Die meteorologische Constellation, welche die Blutung veranlasst, dauert oft nur wenige Stunden, und da kann es sehr leicht kommen, dass ein plötzlicher Barometerfall doch bei der Blutung mitgewirkt hat, während beim Eintritt derselben das Barometer längst wieder in die Höhe gegangen ist. Die Thatsache, dass gewisse meteorologische Combinationen Blutung bei Lungenkranken hervorzurufen geeignet sind, ist, glaube ich, garnicht zu bezweifeln. Es handelt sich für uns jetzt nur darum, sie wissenschaftlich vollständig klar zu legen, sie zu begründen. Ich kann zu meiner Freude sagen, dass wir wohl hoffen dürfen, unsere preussischen meteorologischen Einrichtungen endlich einmal auf einen der modernen Wissenschaft würdigen Fuss gebracht zu sehen. Ich habe heute mit einem Collegen zusammen im Abgeordnetenhause eine Resolution eingebracht, welche die Regierung auffordert, im nächsten Jahr endlich die Mittel dazu in den Etat einzustellen. Man sollte kaum glauben, dass es möglich ist, und doch ist es so: unsere meteorologische Centralstation in Berlin ist noch nicht im Besitz eines Registrirapparates; sie beobachtet heute noch nach Pariser Linien, nach Réaumurgraden. Nur die Seewarte hat endlich das Eis gebrochen, und sie erfreut sich der allerbesten Resultate. Ausserdem kann ich sagen, dass auch in Privatkreisen, namentlich in der Landwirthschaft, sich das Interesse an der practischen Meteorologie immer mehr regt. Wir haben eine vollständig mit allen Apparaten ausgerüstete Station für die Provinz Sachsen in Magdeburg, und andere werden folgen, und dann wird es auch für uns möglich werden, die wissenschaftliche Begründung unserer Theorien zu schaffen. Bis dahin wollen wir aber nicht ermüden zu beobachten.

Herr Th. Schott (Bad Nauheim): M. H., wenn ich auch nicht in der Lage bin, direct über meteorologische, barometrische und thermometrische Einflüsse bezüglich der Lungenblutungen Vortrag zu halten, so kann ich Ihnen doch über ein Gebiet Bericht erstatten, das wenigstens einige Verwandtschaft damit zeigt, nämlich in Bezug auf Apoplexie und insbesondere auf Gehirn-Blutungen. Die Beobachtungen stammen aus dem Jahre 1868 und sind von einem Nicht-Mediciner, einem Lehrer der Physik an der Schule zu Frankfurt a. M., Dr. Berger, gemacht. Die Untersuchungen sind sehr wichtig und ich muss mich eigentlich wundern, dass sie bis jetzt so wenig in die Oeffentlichkeit gedrungen sind, sie erstrecken sich über ein grösseres statistisches Material und zwar vom Jahre 1852 bis Ende 1866, also über 15 Jahre. Das Jahr 1866 schliesst er selbst aus, weil es sich damals in Frankfurt a. M. um so abnorme Zustände handelte, dass er sagt, hier seien vielleicht Verhältnisse, die nicht massgebend wären. Er berichtet also, wenn wir die 49 Fälle vom Jahre 1866 abziehen, über 378 Todesfälle durch Gehirnblutungen. Er hat sehr genau erstens das Mittel der 12 stündigen baro- und thermometrischen Schwankungen und 2) das Mittel der

Schwankungen von 5 zu 5 Tagen registrirt. Seine Beobachtungen sind desshalb sehr genau, weil der physikalische Verein in Frankfurt a. M. schon früher sehr genaue Apparate gehabt hat, wenn auch nicht so gute wie sie jetzt sind. Wenn ich nun zu den einzelnen Beobachtungen übergehe, so kommen von diesen 427 Fällen, was Mors subita apoplexia cerebri und die sogen. Apoplexia fulminans anlangt, und zwar nur diejenigen Fälle, wobei nach dem Berichte des Standesamts der Tod nach 6 oder 12 Stunden erfolgte — alle anderen wurden ausgeschlossen, um die Beobachtungen nicht zu trüben — auf den Winter 154, auf den Frühling 107, auf den Sommer 78 und auf den Herbst 89 Todesfälle. Also wir sehen daraus, dass im Winter die höchsten Zahlen sind, dass nach dem Sommer zu die Zahl der Todesfälle abnimmt und nach dem Winter zu allmählich wieder steigt. Von den 378 Fällen — also das Jahr 1866 wiederum ausgeschlossen — kommen 201 bei steigendem Barometerstand, 178 bei fallendem Barometerstand vor, also 29 mehr bei steigendem als bei fallendem. Umgekehrt aber ist es, wenn wir den Thermometerstand in's Auge fassen, nämlich 146 Todesfälle bei steigendem und 228 bei fallendem Thermometerstand, also 82 mehr bei fallendem als bei steigendem. Wenn man nun die einzelnen Schwankunggrössen betrachtet, so ist das Verhältniss eigentlich ein viel prävalirenderes. — Stellt man nämlich die 5 tägigen Schwankungen zusammen, so kommen auf 100 derselben, wenn die Schwankungen 1—5 Linien betrugen, 25 Todesfälle, bei solchen zwischen 6—10 Linien 51, von 11—15 Linien 51 und von 16—24 Linien 45 Todesfälle. Wir sehen also, dass, abgesehen von den allerhöchsten Zahlen, je höher die Schwankungen, desto grösser die Sterblichkeitsziffer ist. Ebenso ist es in Bezug auf die Schwankungen im Thermometerstand und noch auffallender wird das Verhältniss, wenn man die Summe der Schwankungen betrachtet, die resultiren, wenn die Barometerschwankungen mit den Thermometerschwankungen summirt werden. Ich glaube also, dass, wenn man überhaupt derartige Beobachtungen anstellen will, man ganz entschieden auf den Schlusssatz, der aus diesen Beobachtungen resultirt, achten muss. Berger sagt nämlich: „Wind und Wetter, hoher und niedriger Barometer- und Thermometerstand stehen zu den unter dem Ausdruck „plötzliche Todesfälle" zusammengefassten Todesarten in keiner hervortretenden Beziehung. Diese kommen ferner nicht viel häufiger bei fallendem Thermometer und steigendem Barometer, als bei steigendem Thermometer und fallendem Barometer vor.

Dagegen wächst die Zahl dieser Todesfälle in einer Weise mit der Grösse der Auf- und Niederschwankungen beider Instrumente, besonders des Thermometers, dass behauptet werden kann, sie kommen vorzugsweise nur bei grösseren Schwankungen derselben vor."

Wenn wir also derartige Untersuchungen machen wollen, genügt es nicht einfach, dass wir sagen, eine Blutung ist bei dem und dem Thermometerstand oder bei dem und dem Barometerstand eingetreten, sondern wir müssen uns die Frage vorlegen, wie gross die Schwankungen innerhalb 12 oder 24 Stunden und ganz besonders auch wie sie in den nächstvorangegangenen Tagen gewesen sind. Erst wenn wir die Schwankungsziffer auf diese Weise bekommen, können wir sagen, der und der Einfluss ist vielleicht massgebend. Selbstverständlich ist das nicht das einzig wesentliche Moment. Wir wissen jetzt, dass die Gefässe eine gewisse Veränderung erlitten haben müssen, damit eine Blutung bei Apoplexia cerebri zu Stande komme und dass sozusagen eine Disposition vorangegangen sein muss. Soweit aber meteorologische Verhältnisse auf derartige Blutungen einen Einfluss ausüben können, verdient diese Arbeit entschieden gewürdigt werden zu müssen. Aus meiner eigenen Praxis sowie aus der befreundeter Collegen in Bad Nauheim und Frankfurt a. M. beobachtete ich seit 4—5 Jahren sämmtliche Fälle von Apoplexia cerebri bezüglich des Verhaltens zu meteorologischen Einflüssen und fand in der grossen Mehrzahl der Fälle, dass, je grösser die Schwankungen wurden, desto mehr sich auch die Fälle von Apoplexie häuften. Für mich war die Frage aber desshalb noch besonders interessant, weil ich in den letzten Jahren zu beobachten Gelegenheit hatte, dass mit der Grösse der Schwankungszahl sich die sogenannten Asthmafälle, wie sie bei Atrophia renalis vorkommen, sich zu häufen scheinen. Es machte mir den Eindruck, als wenn vor Allem die Grösse der Barometerschwankungen von grossem Einfluss wären auf solche leichtere und schwere Fälle von Lungenödem, wie sie dem Asthma der Nephritiker zu Grunde liegt. Freilich sind die Zahlen meiner bis jetzt gesammelten Beobachtungen noch so klein, dass ich mir nicht erlauben kann, aus derselben schon jetzt ein definitives Urtheil zu ziehen, aber ich glaube, wenn wir zukünftig in dieser Weise unsere Beobachtungen anstellen, kommen wir eher zu einem positiven Resultate, als wenn wir in der bisherigen Weise die Untersuchungen fortsetzen.

Vorsitzender: Erlauben Sie mir nur noch eine kurze Bemerkung. Was die Schwankungen anlangt, so sind wir eben gerade darauf aus, dieselben zu eruiren. Das ist allerdings ein Hauptmoment, und wenn ich darauf hingewiesen habe, dass wir auf den Registrirapparat das ablesen müssen, so ist es eben in dem Sinne, dass dieser einzig und allein die Tagesschwankungen in allen ihren einzelnen Abstufungen zeigt.

Herr Schott: Ich wollte gerade darauf hinweisen, dass es sich nicht blos darum handeln kann, zu sagen, wie es in den 12 Stunden gewesen ist, welche der betreffenden Blutung vorausgegangen ist, denn die dieselbe verursachenden Momente können schon einige Tage weiter zurückliegen. Erst wenn man zukünftig die Summe der baro- und thermometrischen Schwankungen einer Anzahl vorausgegangener Tage — und darin liegt gerade der Schwerpunkt — in Betracht zieht, erst dann wird es möglich sein, positivere Resultate zu erzielen, als es bis jetzt möglich gewesen ist. Und gerade das war der Zweck dieser Rede.

Herr **Rohden**-Lippspringe:

Ueber die Verschiedenheit organischer Wirkungen, Gewöhnung und Anpassung.

Hätte ich während der kleinen und grossen, plötzlichen und langsamen Umwälzungen, welche dem Denken keines ernstlichen Arztes erspart werden, nicht selbst erfahren, wie haltlos man dem Getriebe der Tagesmeinungen oder dem immer zunehmenden Getümmel von Thatsachen gegenübersteht, wenn der ruhende Pol in der Erscheinungen Flucht fehlt, ich würde nicht den Versuch machen, Sie in Folgendem mit Auseinandersetzungen zu behelligen, deren Nutzen anscheinend nur in Rechtfertigung althergebrachter Maassnahmen besteht. Denn es ist die Frage, ob Viele von Ihnen mehr darin erblicken werden, als ein Spiel mit Begriffen, deren thatsächliche Unterlage auch andersdeutig sei. Indessen, es geht in der That nicht mehr ohne ein Ueberdenken der Fundamentalvorgänge des Lebens, wenn man die Jüngeren unter uns in erstaunlicher Unbekümmertheit über dieselben derart ins Blaue hinein beobachten, experimentiren, leider auch behandeln und wissenschaftliche Schlüsse ziehen sieht, dass selbst Denen bange wird, welche diese Geister gerufen. Und, wenn die Deductionen, welche mir zu einem Halte verholfen haben, darauf verzichten, ein System zu erbauen, und nichts weiter wollen, als therapeutischem Handeln ein bewusstes Warum zu verleihen, dann dürften sie doch wahrlich bescheiden genannt werden; und endlich sage ich mit Helmholtz: man soll der Wissenschaft, welche die Welt begreifen will, nicht verwehren, zunächst sich die Welt begreiflich vorzustellen.

Ich werde in dem Folgenden die Begriffe untersuchen, welche sich mit den Worten Einwirkung (Actio), Wirkung (Reactio) und Gewöhnung bezeichnen lassen, in der Hoffnung, dass der geneigte Hörer mir nicht zutraut vergessen zu können, dass die Complexität der Vorgänge unseres Körpers die Subsumirung eines concreten Zustandes unter diese Kategorieen oft schwierig machen und deshalb gezwungen erscheinen lassen kann.

Wegen der Kürze der mir zugemessenen Zeit verzichte ich auf einen Ueberblick der Behandlung, welchen die obigen Begriffe von anderen Autoren erfahren haben, es genüge an diesem Ort zu constatiren, dass die mir zugänglich gewesenen Pathologieen entweder auf eine Theorie verzichten oder sich mit physikalischen Hypothesen oder endlich mit Philosophemen über die Schwierigkeiten hinweghelfen, welche unleugbar vorhanden sind. Der von mir beschrittene Weg ist der einfacher Deduction von den Thatsachen aus, welche Joh. Ranke bei seinen Untersuchungen über die bei der Arbeit eines Organes vorgehenden Localveränderungen gefunden hat. Diese Thatsachen sind:

1. Jedes in Thätigkeit versetzte Organ wird in der Zeiteinheit von einer grösseren Menge Blutes durchströmt, als während seiner Unthätigkeit.

2. Je lebhafter die Circulation des Blutes in einem Organe von Statten geht, desto vollständiger erfolgen caeteris paribus die Leistungen desselben.

3. Da die Menge des dem Organe zuströmenden Blutes caeteris paribus der Intensität des Organstoffwechsels proportional ist, so muss der Stoffwechsel in dem Organe zu- und abnehmen, je nachdem es stärker oder weniger stark thätig ist.

Gestatten Sie mir nun noch einen nicht grossen aber wesentlichen Umweg.

Jede Einwirkung auf den Organismus, sei sie geartet wie sie wolle, komme sie von Aussen an ihn heran oder entwickele sie sich in ihm selbst, bringt eine Aenderung in mindestens einem Organe, einem Theile des Organismus, zu Wege, sie bildet, um mit Virchow zu reden, das Wesen einer nutritiven und formativen Reizung. Die Frage, welcher Beschaffenheit diese Aenderung, d. h. ob sie physikalisch oder chemisch ausdrückbar sei, kommt hierbei nicht in Betracht; in jedem Falle aber entsteht eine reichlichere Saftströmung zu dem betroffenen Organe und der Stoffwechsel desselben wird gesteigert. Dieser geht aber gleichen Schrittes mit der Blutcirculation und so muss die Zufuhr im selben Maasse erfolgen, wie die Abfuhr der zersetzten Organbestandtheile. Eine Störung nun dieses normalen Verhältnisses kann von zwei Richtungen her erfolgen: einmal durch allzumächtige Einwirkung, durch welche eine Zerstörung der organischen Structur stattfindet, und zweitens durch Verarmung des circulirenden Blutes an Stoffen, welche dem betroffenen Organe für den Ersatz des Verbrauchten unentbehrlich sind. Die Norm des Geschehens findet also statt, wenn und so lange die Einwirkung in gleichem Verhältnisse mit Quale und Quantum der Blutzufuhr bleibt. Da aber dieses „so lange“ ein Ideal involvirt, zu dessen Realisirung eine nicht denkbare Gleichmässigkeit der ganzen körperlichen Organisation und deren Umgebung gehören würde, so können wir als — reale — Norm nur annehmen die in verschiedener Zeit eintretende Minderung von Zu- und Abfuhr und danach eine bei Fortdauer der Einwirkung stattfindende Ansammlung von Zersetzungsproducten in dem überangestrengten Organe, eine Ermüdung desselben. Diese giebt sich kund in dem abnormen Ablaufe der dem Organe eigenthümlichen Function und bei reichlicher Anwesenheit sensibler Nervenfasern durch deren Erregung mittelst der inadäquaten Ermüdungsstoffe, je nachdem in Gestalt von Schmerz, Unbehagen oder Müdigkeitsgefühl. Uebermüdung ist nichts als ein hoher Grad dieses so charakterisirten Zustandes, sie nimmt gewöhnlich den ganzen Körper ein durch den stattgefundenen übermässigen Verbrauch der circulirenden Nährstoffe.

Bleiben nun Zufuhr und Abfuhr durch besondere Gunst der Umstände — des Körpers und der Aussenwelt — längere Zeit in gleichem Verhältnisse mit der statthabenden Einwirkung, so verharren die während der Thätigkeitszeit des Organes von einem grösseren Blutquantum durchströmten Gefässbahnen in ihrer Kaliberzunahme, zum Theil, weil ihre Wandungen stärker ernährt werden. Es resultirt so auch nach Aufhören der in entsprechenden Grenzen gebliebenen Einwirkung ein dauernder höherer Blutgehalt des Organs, dadurch wird dann eine Volumszunahme desselben oder doch seiner wesentlichsten Bestandtheile, damit aber auch eine Steigerung seiner Leistungsfähigkeit bedingt, und dann tritt der Fall ein, dass auch eine Zunahme der Einwirkung an Intensität ertragen und durch normale Functionen beantwortet werden kann. So kann es auch dazu kommen, dass eine Einwirkung, welche ihrer Grösse wegen kurz vorher mit abnormer Function und Sensation beantwortet wurde, ohne solche erledigt wird, das Organ hat sich an dieselbe gewöhnt, für dieselbe gestärkt, „abgehärtet“.

Fragen wir nun, wie sich ein Organ auf dem so erreichten Grade von Blutreichthum und Volumen erhält, so ist die Antwort nicht schwer und besteht darin, dass eine in gewissen Zeiträumen regelmässig stattfindende Wiederholung der entsprechenden Einwirkung Bedingung dafür ist. Bleibt diese regelmässige Wiederholung aus, dann entsteht ein Minus von Stoffwechsel gegenüber der vorläufig auf der erreichten Höhe bleibenden Zufuhrgrösse, es kommt zu Deposition von Fett, zu fettiger Degeneration und damit verknüpfter Abnahme der Functionsfähigkeit. So ist also dem Organe jene Einwirkung zu etwas Wesentlichem, zu einer Bedingung normalen Ablaufes seiner Functionen, zu einer Gewohnheit geworden. Diese Gewohnheit ist bekanntermaassen ein Tyrann; aus welchen Gründen sie es ist, wird aus dem Vorhergehenden klar geworden sein. Eine besondere Modalität dieser Herrschaft erscheint, wenn der Reiz, an welchen ein Organ gewöhnt ist, längere Zeit von seiner Einwirkung auf dasselbe zurückgehalten wird. Das Organ beantwortet dann die früher gewohnte Stärke desselben nicht mehr mit normalen Erscheinungen, sondern es treten in Gestalt von Antworten unerwarteter Art oder Grösse die Anzeichen der inzwischen eingetretenen Veränderungen in Stoffwechsel und Blutreichthum des Organes in die Erscheinung. So entstehen in der motorischen Sphäre Lähmungen oder Hyperkinesen, in der sensiblen Schmerzen, in der vegetativen abnorme oder defecte Secretionen u. s. w. Es können übrigens die von Abweichungen aus dem Geleise der Gewohnheit hervorgebrachten Erscheinungen oft etwas complicirter Natur sein und ihrer Deutung Schwierigkeiten bereiten. So ist die Müdigkeit, welche uns befällt, wenn wir im Laufe der Dinge von einer aufregenden Thätigkeit Abstand nehmen, gewiss nur zum kleinen Theile Erschöpfung, zum grösseren Theile ein Entbehren des gewohnten Reizes, der gewohnten Beschleunigung des Gesammtstoffwechsels. Es fungirt also, können wir sagen, der gewohnte

Reiz als etwas Wohlthätiges oder Schädliches je nach der seit seiner letzten Einwirkung abgelaufenen Zeitgrösse: tritt er wieder ein, bevor die durch seine frühere Action an Blutumlauf und Stoffwechsel gesteigerten Organe wieder herunter gekommen sind, so erhält er dieselben auf dem erlangten Grade von Energie und Volumen; verstreicht jedoch eine längere Zeit, so trifft der Reiz ein inzwischen schwächer gewordenes Organ, ist demselben relativ zu stark geworden und bewirkt einen noch rascheren Verfall.

Gehen wir nun von der Betrachtung des einzelnen Organes zu der Anwendung des Gewonnenen auf Abschätzung von Zuständen und Vorgängen des ganzen Organismus über, so treffen wir die Eigenthümlichkeit, dass der normale Ablauf einer organischen Function entweder gar nicht, oder nur in seinen Consequenzen, seinen Erfolgen für uns wahrnehmbar ist. Es giebt auch kein Organ, welches für sich allein, losgelöst von allen anderen Theilen des Organismus, auf eine Einwirkung zu reagiren vermöchte; sie sind im Gegentheil alle für einander solidarisch verhaftbar. Abgesehen nun von den Fällen, in welchen die Einwirkung das angegriffene Organ unmittelbar zerstört, wird eine Function, eine Wirkung stattgehabter Einwirkung oft nur entfernt vom Orte der That sichtbar, und zwar dort, wo der Ablauf der mitgetheilten oder ausklingenden Wirkung auf seinem Wege irgend ein Hinderniss, also einen abnormen Zustand gefunden hat, der den unbemerkten Ablauf des Vorganges hinderte. Es kann dadurch im concreten Falle die Auffindung des ursprünglich betroffenen Organs erschwert werden, und zwar desto mehr, je fremder der Beurtheiler dem Individuum gegenübersteht, und je vorübergehender die Einwirkung des rasch wieder ins Dunkel zurückgetauchten Agens gewesen ist. Um mich deutlich zu machen, exemplifizire ich die immer noch mannigfache Aetiologie des Diabetes, der Hämoglobinurie, die individuell so ungeheuer verschiedene Einwirkung hoher Temperaturgrade, narcotischer Gifte u. dgl. Bei allen diesen Vorgängen handelt es sich durchaus nicht um specifische Schädlichkeiten, sondern um Aussenbedingungen, welche auf alle mit ihnen verkehrenden Individuen einwirken, deren Einwirkung von verschieden zahlreichen Individuen ohne irgend bemerkbare Vorgänge ausgeglichen, von Wenigen nur mit Erscheinungen beantwortet werden, welche auf die Unzulänglichkeit eines bestimmten Organes hinweisen.

Recapituliren wir nun von vorhin, dass es das Volumen und die reichliche Blutcirculation, mit einem Worte die Leistungsfähigkeit, die Kraft eines Organs ist, auf der die Norm der Rückwirkung beruht, so kommen wir zu dem Schlusse, dass die grössere oder geringere Glätte, mit welcher die Arbeit des ganzen Organismus geschieht, von der grösseren oder geringeren Kräftigkeit der ihn zusammensetzenden Organe abhängt: je normaler der Organismus, desto geringer ist die sichtbare Reaction. Und da diese Kräftigkeit identisch ist mit reichlicher Circulation eines an Nährstoffen reichlichen Blutes und geknüpft ist an die Bedingung einer möglichst häufigen Bethätigung möglichst vieler Organklassen, kommen wir zu therapeutischen Standpunkten, welche sich in überraschender Weise verwerthen lassen. Man thut dann aber auch gut, bei der Wahl von Bezeichnungen für verschiedene Klassen von Organen oder Individuen nicht von deren mehr oder minder grossen Reizbarkeit zu sprechen — denn reizbar, reizempfänglich sind sie Alle — sondern sich an die Verschiedenheit der Antwort zu halten, welche der Reiz, die Einwirkung, von den betroffenen Organen erhält. Die Bezeichnungen wahrnehmbar oder schweigsam wirkend, leicht und beschwerlich wirkend würden ohne Zweifel deutlicher und bezeichnender sein.

Ich kann wohl annehmen, m. H., dass die ungewohnte Arbeit deductiver Methode trotz aller Einfachheit des Gehörten oder vielleicht gar wegen derselben eine gewisse Ermüdung des wenig geübten, also auch wenig voluminösen Deductionscentrums bei Ihnen bewirken könnte, ich will also zur Erholung desselben schon hier einige practische Betrachtungen einschalten.

Guternährte Individuen sind im Stande, den plötzlich gesteigerten Ansprüchen an ein beliebiges Organ aus ihrem Vorrathe an Nährmaterial ohne Zeit- und Kraft-Verlust zu suppliren. Schwächerernährten gelingt dies nicht, es findet bei diesen vorkommenden Falles eine Ernährung der stärker in Anspruch genommenen Organe auf Kosten der anderen statt und es kommt so um so eher zu einer Ungleichmässigkeit, welche zum Erliegen gegenüber äusseren Einflüssen führen kann. Dieses ist die Ursache, weshalb sogenannte Ueberanstrengung unter den prädisponirenden Momenten für Erkrankung durch epidemisch vorhandene Gifte figurirt, wie auch die Zeit der Dentition, der Menstruation und der Klimax Dispositionen, weil temporäre Ungleichmässigkeit der organischen Arbeit schaffen. Es erklärt sich hiernach auch die grosse Empfindlichkeit des kindlichen Organismus, die Leichtigkeit, mit welcher er krankheitlichen Einflüssen erliegt, wenn wir bedenken, dass derselbe durch wesentlich raschere Stoffwechselvorgänge und Aenderungen gekennzeichnet ist, als der erwachsene. Es entsteht so im Kinde viel leichter und rascher eine Ungleichmässigkeit der Organe, eine Disposition der organischen Thätigkeiten, welche, wie wir gesehen haben, den Hauptgrund zu Störungen bei Abwickelung von Aussen heran — oder hinein — kommender Agentien oder Vorgänge bildet. Bei dem Greisenalter lässt sich der vorhin gewonnene Standpunkt ebenfalls ohne Schwierigkeit zur Beurtheilung verwerthen. Mit der Thatsache, dass mit der Zeit eine Abnahme des Stoffes und seiner Energien eintritt, ist es nicht abgethan, es fragt sich warum? Man kann nun mit einer gewissen Berechtigung die Frage aufwerfen, welche Abnahmevorgänge die zuerst auftretenden des Alters sind, ob das Schwinden der Kiefer, der Verlust der Zähne, die Abnahme der Speichelsecretion oder das Atrophischwerden der Lungen, das Sinken der Athmungsgrösse oder endlich die Arterienverknöcherung? Ich glaube nicht fehlzugehen mit der Annahme, dass es sich beim „normalen" d. h. durchschnittlichen Marasmus senilis um eine Verschlissenheit wesentlicher Organe, um eine Summe von Niederlagen im Kampfe mit der Aussenwelt oder den Thorheiten des Individuums handelt. Denn derjenige altert caeteris paribus rascher und consequenter, welcher diesem Kampfe ausgesetzt ist, als jener, welcher auf sein Panier geschrieben hat: late, tace, fuge! Der Körper, welcher ohne Contact mit der Aussenwelt existiren könnte, müsste ewig leben. Da diese Voraussetzung jedoch absolut unmöglich ist, sind wir von der Realität auf die Folgerung beschränkt: Je mässiger die Reize des Lebens sind, desto weniger intensiv, freilich desto langsamer auch läuft das Leben ab. Das Quantum des Lebens dürfte in allen Fällen als gleich zu berechnen sein, nur lebt der Eine, wie der Sprachgebrauch ganz richtig sagt, rascher, als der Andere. Ein Verschlissensein wichtiger Organe hat natürlich gestörten Ablauf sonst normaler Vorgänge zur Folge; ist dieser gestörte Ablauf mässiger Natur, so sprechen wir von Altersbeschwerden, ist er von unmässiger Natur, so spricht man von Alterskrankheiten.

Haben meine verehrten Zuhörer von vorhin im Gedächtniss behalten, dass zu einem ruhigen Ablaufe der von einem an sich normalen Organe ausgelösten Wirkung eine gleichmässige normale Ausbildung auch der anderen von jener Wirkung durchlaufenen Organe gehört, so haben wir zugleich den Schlüssel für die Thatsache, dass die sogenannte Reizbarkeit oder die sogenannte heftige Reaction, von uns wahrnehmbare Wirkung genannt, in unserer Zeit an Häufigkeit des Vorkommens zugenommen hat. Dieselbe ist in nichts anderem, als in der ungleichmässigen Ausbildung unseres Körpers und — gehen wir mehr ins Detail — besonders der denselben regierenden Nervenapparate begründet. Ist z. B. ein Gehirntheil durch besonders häufige Inanspruchnahme desselben stärker ernährt, von reichlicheren Blutmengen durchströmt, so wird dessen Function im Verhältniss zu der der anderen Gehirntheile übermässig, und seine starke Wirkung erscheint in den anderen als überstarke Einwirkung, als zu mächtiger Reiz. So entstehen dann unzweckmässige, krankhafte Erscheinungen einzig aus der Ungleichmässigkeit der Organe, aus der Schiefheit der Organgruppen. Und weil die hervorragenden Leistungen unserer Zeit nur durch Theilung der Arbeit erzielt werden können, muss es besonders in der Gegenwart zu einer besonders grossen Anzahl solcher Schiefheiten und deshalb auch zu einem besonders deutlichen Hervorstechen der Nothwendigkeit kommen, während der Erholungszeit nicht nur Ruhe für das angestrengte Organ, sondern auch eine Stärkung der in der eigentlichen Arbeitszeit vernachlässigten Organe, eine Abwechslung resp. eine Zerstreuung anzustreben.

Es bietet sich hier die Gelegenheit, den Begriff der krankhaften Disposition zu beleuchten.

Huxley sagte 1881 (nach einem Referate von Max Salomon in Boerner's Wochenschr. pag. 509): „Die lebende Materie ist charakterisirt durch ihre angeborene Neigung, eine bestimmte Reihe von morphologischen und physiologischen Erscheinungen aufzuweisen, welche Organisation, und Leben ausmachen. Unter denselben Bedingungen bleiben diese Erscheinungen für jede Gattung lebender Wesen im Ganzen und Grossen dieselben; ausserhalb dieser Bedingungen wird der normale Lauf gestört." Zu diesem von Huxley geforderten normalen Ablauf des Geschehens, zweifellos einem Ideale, gehört also als unabweislich die Constanz der Bedingungen, seien dieselben ausserhalb oder innerhalb des organischen Wesens begriffen; es tritt eine Störung ein, sobald sich innerhalb oder ausserhalb irgend eine Abweichung von der Gleichmässigkeit des Verlaufes einstellt. Es dürfte nun den bisherigen Ausführungen zufolge klar sein, dass bei vorhandenem ungleichmässigem Ablaufe der Functionen des Organismus eine Befindensstörung resultirt, welche sich in unerheblicher, also nicht zur Erhebung, zur Wahrnehmung gelangender Weise äussert, wenn gleichzeitig keine Aenderung im normalen Verlauf der Aussenverhältnisse eintritt, ebenso klar ist es aber, dass bei Eintritt von Störungen im Verlaufe der Aussendinge jene durch Ungleichmässigkeit der organischen Functionen entstandenen Störungen sich zu wahrnehmbaren Erscheinungen abnormen Geschehens, zu Krankheitssymptomen steigern werden. Das Wesentliche dabei ist also das Zusammentreffen von äusseren mit inneren Abnormitäten. Hierin stellt dann die innere Abnormität die Disposition des Organismus, seine Geneigtheit zu erkranken, dar, die äussere aber die Causa movens, das Facit beider ist die Erkrankung. — Ist nun die Anomalie des organischen Geschehens, die Disposition, geringfügig, so bedarf es einer beträchtlichen Abweichung im Geschehen der Aussendinge, wenn es zu einer manifesten Erkrankuug kommen soll, während bei grossen zur Gewohnheit gewordenen Ungleichmässigkeiten im Verhalten der Organe untereinander eine leichte Störung im Ablaufe der Externa ausreicht, eine „Krankheit" entstehen zu machen oder zum Ausbruche zu bringen, wie der Sprachgebrauch sagt.

M. H., die Schwierigkeit der Analyse im concreten Falle darf uns niemals davon zurückhalten, dem wie? des vorhandenen Sachverhaltes nachzuforschen. Denn seine Ergründung giebt uns Fingerzeige für therapeutisches Eingreifen, wie kaum eine andere diagnostische Thätigkeit. Auf ihr beruht die Wichtigkeit der Anamnese und die Welterfahrenheit des Arztes, ihr unbewusstes von Stattengehen ist ein Theil des practischen Blickes, des tact médical.

Es erübrigt noch, m. H., auf die Richtigkeit unserer Doctrin Organe und Organismen zu prüfen, welche man im Leben als wenig reizbar, langsam reagirend, schlaff, torpide u. s. w. in eine Art von Gegensatz zu den übrigen bringt. Eine gewisse Schwierigkeit erwächst uns hierfür durch die Erwägung, dass Individuen und Organe normaler, also nicht wahrnehmbarer Wirkung den Eindruck geringer Reizbarkeit machen können, eben weil die Antwort auf einen bekannten

Beiläufig kann ich die Wahrnehmung nicht unterdrücken, dass diese letzte Klasse neuerdings entweder zahlreicher geworden ist, als sie früher war, oder dass man eine grosse Zahl von Individuen falsch behandelt. Dieses mein Dilemma erscheint verzeihlich Angesichts der berechtigten modernen Schlagworte, welche von Ueberhandnahme der nervösen, heftig reagirenden Constitution reden, und der Thatsache, dass wenig entsprechend dieser Ueberhandnahme unsere moderne Diätetik und Methodik ein Arsenal von eingreifenden Proceduren, irritirenden Nahrungs- und Genuss-Mitteln in Begleitung heroischer Klimapotenzen darstellt. Meine gütigen Hörer werden sich erinnern, dass ich vorhin mit etwas grösserem Rechte in einer erheblichen Ungleichmässigkeit wichtiger Organgruppen die Signatur des modernen Durchschnittsmenschen fand. Meiner Auffassung nach würde es also auch nicht berechtigt sein, ununterschiedlich jene robusten Behandlungsprincipien anzuwenden. Ich bedaure somit auf's Lebhafteste, dass auch das neueste, manches Wichtige und Vorzügliche enthaltende deutsche Werk über Klimatotherapie (H. Weber, London, in Ziemssen's Handb. der allg. Therapie, Leipzig 1881) von einem Arzte geschrieben ist, der die Principien seiner Behandlungsweise nur von seinen an Bewohnern Grossbritanniens erzielten Resultaten ableiten konnte, Principien, welche für Binnenlandbewohner, also auch für Deutsche, durchaus nicht massgebend sind. Denn wir bringen der Einwirkung eines Klimas ein ganz anderes körperliches Substrat entgegen, als die Engländer. Jede Nation hat unleugbar ihre Durchschnittsconstitution und zwar ist dieselbe um so verschiedener von derjenigen anderer Völker, je verschiedenartiger die klimatischen, alimentären und socialen Bedingungen sind, unter welchen sie sich gestaltete. So hält ja begreiflicher- und zugestandenermassen die Eigenart des englischen exquisit maritimen Klimas den Stoffwechsel in mässigen Grenzen, ein Umstand, welcher die Beschleunigung desselben durch reichliche Bewegung und vorwiegende Fleischkost in den meisten Fällen einfach nothwendig und unumgänglich machen wird: für die bei weitem meisten englischen Kranken ist also auch die Wahl anregenden Verfahrens in Hygiene und Klima richtig, aber deshalb ist sie noch nicht für den durchschnittlichen deutschen Kranken zu gebrauchen, welcher viel häufiger als der Engländer den Typus der Irritabilität, der Schonungsbedürftigkeit zeigt.

Die Erfahrung langer Jahre hat mich gelehrt, dass es in der That keine wichtigere therapeutische Maassnahme giebt, als die Abschätzung der Reactionsgrösse eines Kranken und seiner Ausgleichungsfähigkeit. Diese Maassnahme stösst freilich im concreten Falle oft auf Schwierigkeiten. Die banalste und dabei grösste liegt in dem modernen losen Verhältnisse des durchschnittlichen Kranken zum durchschnittlichen Arzte. Beide sehen einander nur, wenn der Kranke es wünscht, unwillig fast erträgt derselbe die Beeinflussung seiner Entschlüsse, die Prüfung seiner Lebensverhältnisse durch den Arzt, leicht ist er geneigt zu eingestandener oder heimlicher Inanspruchnahme anderer Aerzte in flüchtigen Consultationen, während deren selbst ein ärztliches Genie kaum mehr als einen oberflächlichen Blick in das Getriebe der Individualität zu werfen vermag. Und da der solvente Kranke zur Gestaltung eines Entschlusses für das zeitraubende und kostspielige Unternehmen eines Klimawechsels u. dergl. fast regelmässig Aerzte von grossem Namen aber knapper Zeit heranzieht, so ist es kein Wunder, wenn solche Klima- oder Bade-Kuren oft wahre Abenteuer darstellen.

Ebenso beklagenswerth, als dieser Uebelstand, ist ein anderer, der in der verbreiteten Unkenntniss klimatischer Einwirkungen ruht, einer Unkenntniss, welche noch neuerdings in den gelassenen Worten gipfelte: Phthisis entsteht unter allen Klimaten, das Klima ist also bei ihrer Behandlung von ganz untergeordneter Bedeutung. Hat man dem Vorhergehenden die wünschenswerthe Aufmerksamkeit geschenkt, so bedarf es wahrlich keiner Anstrengung, um einzusehen, dass eher das Gegentheil der Fall ist. Denn es liegt auf der Hand, dass die Kräftigung und Erstarkung eines Organismus, auf welche es vor allem anderen bei Therapie der Phthisis ankommt, in Verhältnissen, welche der Individualität des betr. Kranken passen, leichter und sicherer von Statten gehen muss, als in unzweckmässig gewählten, ganz abgesehen davon, dass Zustände, in welche der Organismus durch seine Krankheit gerathen ist, meist in bestimmten Klimaverhältnissen grössere Aussicht auf Ausgleichung haben, als in den heimischen, wenn auch nur dadurch, dass die einzutauschenden dem Ablaufe regulatorischer die vorhandene Störung ausgleichender Vorgänge günstiger sind. Mit Rücksicht aber auf die zahlreichen Verschiedenheiten, in welche sich das locale Kranksein von dem Hintergrunde mannigfaltiger Individualitäten abhebt, kann es nicht befremden, dass Phthisis unter sehr vielen Umständen auch heilen kann, und dass alle Bestrebungen, eine einzige Methode für ihre Heilung aufzufinden, für den Kenner die Signatur unwissenschaftlicher Schablone tragen.

Eine Entschuldigung für die Existenz dieser einseitigen Bestrebungen liegt in der Einengung durch die im concreten Falle zu Gebote stehenden Mittel und Wege, von denen das am meisten beschränkende ungenügende finanzielle Verhältnisse sind. Nur so ist denn auch das brutal realistische Dictum eines französischen Schriftstellers aufzufassen: „Reiche Leute sterben nicht an Phthisis.“ Sie sterben nicht so leicht, wie Arme, sie haben eine grössere Wahrscheinlichkeit, mit dem Leben davonzukommen, weil ihnen eher, wie den Armen, möglich ist, die kostspieligen Umstände einer consequenten und jenachdem variirenden Aenderung der Gesammtconstitution durchzuhalten. Man kann ja freilich bei dem Nothverfahren, dem sich Behelfen mit dem Möglichen und dem Absehen von Unmöglichem wenn auch höchst Wünschenswerthen, sich mit dem Gedanken trösten, dass wir über Proceduren gebieten, welche den Charakter des Klima's, unter dem sich der Kranke aufhalten muss, zu seinem Besten auszugleichen vermögen. Ist z. B. ein Kranker von schlaffer Constitution gezwungen, unter den für ihn ungünstigen Bedingungen eines feuchten und deshalb wenig anregenden Klima's seine Genesung anzustreben, so kann man durch permanenten Verkehr mit der freien Luft durch Bevorzugung der kühlen Jahres- und Tages-Zeit, durch erregende hydriatische Proceduren, durch vorzugsweise Ernährung mit animaler Kost, durch reichliche und flotte Bewegung, durch anregende Geselligkeit u. dergl. dem durch das Klima gegebenen Nachtheile entgegenarbeiten, aber man darf sich keinen Täuschungen über die meist ungenügende Tragweite dieser Maassregeln hingeben. Denn die schweigsamen Naturkräfte, welche wir zusammengefasst mit dem Namen Klima bezeichnen, sind von so elementarer Gewalt, dass sie in gewissen Momenten alle Ausgleichsmaassregeln menschlicher Kunst illusorisch machen.

Herr **Sponholz** (Jena):

Ueber Friedrich Hoffmann, dem Begründer der Balneologie und Klimatotherapie.

Seine im Jahre 1700 sorgfältig gemachten Barometer- und Thermometer-Ephemeriden und seine im Jahre 1701 erschienene Schrift über das Reisen zu Gesundheitszwecken sind als die ersten Anfänge der wissenschaftlichen Klimatotherapie zu betrachten, seine ärztliche Praxis in zwei Bädern, Hornhaus und Carlsbad, sowie vielfache chemische Untersuchungen von Mineralwässern zeigen ihn als Begründer der Balneologie. Wenn er auch in einer, zuerst 1703 erschienenen Schrift über die Gewalt des Teufels auf Körper noch meteorologische Processe, Stürme, Gewitter, Hagelschlag, sowie die Entstehung von Landplagen, demselben zuschreiben kann, so hat doch diese, damals viel gelesene, wiederholt aufgelegte (1712), in's Deutsche übersetzte, jetzt völlig vergessene Schrift wohlthätig dahin gewirkt, den damals stark verbreiteten Hexen-Processen entgegen zu arbeiten. Blicke auf seinen Lebens- und Bildungsgang erläutern seine Thätigkeit als Naturforscher und Hinweise auf sein Wirken und sein Verhältniss zu 4 Fürsten aus dem Hause der Hohenzollern zeigen seinen Charakter als Mann. —

(Der Vortrag ist anderweitig ausführlich veröffentlicht worden.)

Herr **v. Liebig** (München-Reichenhall):

Die Pulscurven bei phthisischer Anlage.

Als ich vor zwei Jahren die Ehre hatte, dieser Versammlung eine Mittheilung über die Indicationen für den Gebrauch des Höhenklimas zu machen, erwähnte ich den Fall eines jungen Mannes, Herrn Weber, dessen Puls mir dadurch aufgefallen war, dass er durch eine äusserst geringe Belastung des Pulshebels unterdrückt wurde.

Der junge Mann hatte sich damals, im Sommer 1879, nach einem im vorhergegangenen Frühjahr überstandenen fieberhaften Katarrh in der linken Lunge, in Reichenhall gut erholt und war auch in dem folgenden Jahre gesund geblieben, allein im Winter 1880/81 erkrankte er nach einer Erkältung von neuem und starb einige Monate später an der Schwindsucht.

Durch diesen Ausgang erhielt die Pulsform, von der ich eine grosse Anzahl von Aufnahmen besitze, eine neue Bedeutung für mich, und ich verglich sie mit den Pulscurven einiger anderer Personen, bei welchen die Anlage zu Lungenleiden sich schon ausgesprochen hatte, oder wo sie wenigstens im Körperbau angedeutet erschien.

Die Aufnahme der Pulscurve des Herrn W. war zuerst mit einiger Schwierigkeit verbunden gewesen, denn in mehreren Sitzungen, welche ich in der pneumatischen Kammer zu diesem Zwecke mit ihm nahm, konnte ich keine recht vergleichbaren Formen erhalten, selbst nachdem ich die Belastung schon auf 100 Gramm vermindert hatte. Die gewöhnliche Belastung des Sommerbrodt'schen Pulshebels ist 250 bis 200 Gramm, allein bei Herrn W. wurde die Pulscurve schon mit 150 Gramm unterdrückt. Ich versuchte nun eine noch weitere Verminderung und erhielt endlich bei der ungewöhnlich kleinen Belastung von 30 Gramm vergleichbare Curven, die aber hauptsächlich der Reihe der dicroten Formen angehörten, und nur vorübergehend die normale Form zeigten. Formen einer höheren Spannung, welche ich der Kürze wegen als anacrote bezeichnen will, da die von Landois so benannten sämmtlich in ihre Reihe gehören, erhielt ich niemals.

Während die leichte Unterdrückbarkeit des Pulses einen ausserordentlich geringen Blutdruck anzeigte, bewiesen die dicroten Pulsformen einen sehr geringen mittleren Spannungsgrad des Arterienrohres. Die Abbildung einiger dieser Curven, welchen ich hier noch mehrere hinzufüge, wurde schon in den Verhandlungen der balneologischen Section 1880 und in der Deutschen Med. Wochenschrift, 1880, No. 17 mitgetheilt.

Um diese Beobachtung ihrem Umfange nach würdign zu können, gestatten Sie mir einige Worte über die Bedeutung der Psformen vorauszuschicken.

Wenn man an einem normal ausgebildeten Menschen häufiger die Pulscurve nimmt, so bemerkt man, dass ihre Form auch in der Ruhe in einem beständigen Wechsel begriffen ist, indem die häufigste normale Form unter mannigfachen Uebergängen nach der einen Richtung in anacrote, nach der anderen in dicrote Formen umgewandelt wird. Der Wechsel ist bisweilen so rasch, dass man bei wiederholten Aufnahmen innerhalb einiger Minuten die drei Pulsformen vertreten findet. Uebergänge nach nur einer Richtung findet man häufig in den Curven eines tiefen Athemzuges. Ich stelle die am häufigsten vorkommenden Formen in einer Spannungsreihe zusammen, deren Mitte die normale Form einnimmt, an welche sich rechts die Formen abnehmender, links die Formen zunehmender Spannung anschliessen. Alle wurden an demselben Pulse erhalten.

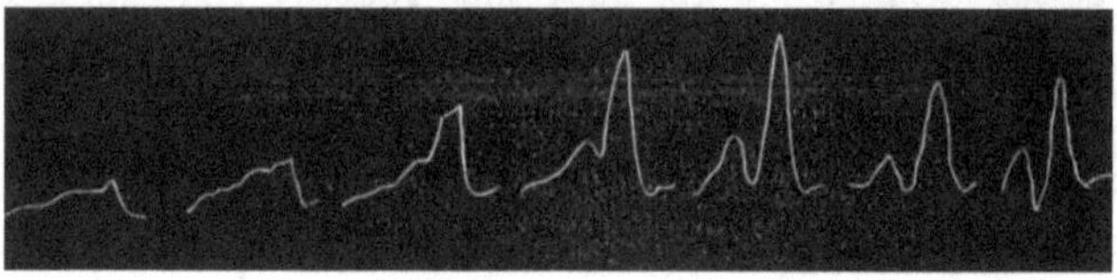

Die Verwandlung der Pulsform entsteht, wie bekannt ist, durch eine Veränderung in dem Tonus oder dem Contractionszustande der Arterienwandung, mit welchem zugleich die Spannung der Arterie und ihr Widerstand gegen die Pulswelle eine Aenderung erfährt und mit dem Wechsel der Spannung ist immer auch ein Wechsel in der Pulsform verbunden, während die Anfüllung des arteriellen Systems im Ganzen dieselbe bleibt.

Ich darf wohl daran erinnern, dass man Formen höherer oder geringerer Spannung willkürlich hervorrufen kann, indem man äussere oder innere Mittel anwendet, welche Contraction oder Erschlaffung der Arterien bewirken.

Künstlich lassen sich am elastischen Kautschukrohre, von der normalen Form ausgehend, die anacroten Formen durch Steigerung der Spannung, die dicroten durch Verminderung derselben leicht darstellen, wobei die Stosskraft und die Menge der zur Wellenerregung in das Rohr eingetriebenen Flüssigkeit nicht geändert zu werden braucht.

Die dicroten Formen gelingen am Kautschukrohre am leichtesten, wenn dieses nicht bis zu seinem natürlichen Umfange gefüllt ist, und dessen Spannung daher nicht nach einwärts, sondern mit sehr geringer Kraft nach auswärts gerichtet, oder schwach negativ wird. Erhöht man dann die Stosskraft nur um ein Geringes, so tritt die äusserste Form der Erschlaffung auf, welche sich dadurch kennzeichnet, dass der absteigende Schenkel der Curvenspitze sich noch unter die Grundlinie der Curve herabsenkt. Am Pulse findet man die gleiche Form bei etwas stärkerer Erregung der Herzthätigkeit, wenn in der Ruhe eine gewöhnliche dicrote Form aufgetreten war. Sie ist in der Spannungsreihe und weiter unten bei dem zweiten der mitgetheilten Fälle abgebildet.

Für die Beurtheilung des einseitigen Auftretens von Formen einer bestimmten Spannungsrichtung ist noch zu beachten, dass bei normalem Befinden der häufige Wechsel der Pulsform physiologisch mit der Regelung der Blutzufuhr zu den Organen zusammenhängt. Die Zufuhr wird vermindert, wenn die Arterie sich contrahirt und wird vermehrt, wenn die Arterie erschlafft, und die Fähigkeit der Contraction muss deshalb als eine für die Ernährung der Organe sehr wesentliche Eigenschaft der Arterie betrachtet werden.

Kommen wir auf unseren Fall zurück, so musste bei Herrn W. die Fähigkeit der Contraction eine sehr beschränkte gewesen sein, denn unter etwa 200 Aufnahmen fand sich keine einzige Curve einer stärkeren Spannung, als sie der normalen Pulsform entspricht. Bei Herrn W. bezeichnete das Auftreten der normalen Form den Zustand der stärksten Contraction deren die Arterie fähig war, während der mittlere Contractionsgrad ein so geringer war, dass er sich in einer dicroten Form ausdrückte.

Auch bei den übrigen drei Personen, deren Pulscurven ich zum Vergleiche ziehen konnte, war ein geringerer Blutdruck mit fast ausschliesslich dicroten Formen verbunden, und bei Allen war die Pulsfrequenz grösser als bei kräftigeren Menschen.

Man könnte hier die Frage aufwerfen, ob nicht immer, wenn ein verminderter Blutdruck auftritt, jedesmal auch eine geringere mittlere Spannung der Arterien als Folgeerscheinung hinzukommen müsse.

Wenn, wie hier, der frequente Puls und der geringere Blutdruck eine schwache Herzkraft oder wenigstens den Eintritt kleinerer Blutmengen mit jedem Herzstosse in das arterielle System anzeigen, so ist dies gewiss im Allgemeinen zutreffend, denn ein verminderter Blutdruck bedingt auch einen geringeren Widerstand in den Arterien und eine geringere Spannung derselben.

Die Fälle, welche uns vorliegen, erhalten aber ihre Bedeutung nicht dadurch, dass die Formen schwächerer Spannung vorwiegend vertreten sind. Ihre Bedeutung liegt vielmehr darin, dass Formen stärkerer Spannung überhaupt nicht ausgeprägt sind, was die Vermuthung erwecken muss, dass die Contractionsfähigkeit schwächer ausgebildet sei, als im Normalzustande.

Die Verminderung des Blutdruckes bringt es durchaus nicht mit sich, dass bei normaler Contractionsfähigkeit nicht auch etwas stärkere Spannungen auftreten könnten, die sich an den Pulscurven ausprägen müssten.

Ein Beweis dafür ist, dass bei vorübergehenden Zuständen dieser Art die Formen geringerer Spannung zwar häufiger auftreten, dass aber daneben immer auch stärkere Spannungsunterschiede in scharfer Zeichnung zu erkennen sind. Um ein Beispiel zu geben, lege ich Ihnen die Pulscurve eines sonst kräftigen Mannes vor, dessen Pulsformen bei einer in der Regel 200 Grm. betragenden Belastung die gewöhnlichen waren. Diese Tafel aber wurde in den ersten fieberfreien Tagen nach Diphtherie aufgenommen, und es wurde im Beginn ihrer Aufnahme eine Belastung von 100 Grm., dann von 200 Grm., und zuletzt wieder von 100 Grm. angewandt. Sie sehen hier, dass der Puls mit 200 Grm. unterdrückt wurde, und dass mit 100 Grm. Formen höherer Spannung und die normale Form auftraten. Die Arterie hatte also ihre Contractionsfähigkeit vollkommen bewahrt, wenn auch von vielen hintereinander gemachten Aufnahmen die meisten dicrote Formen zeigten.

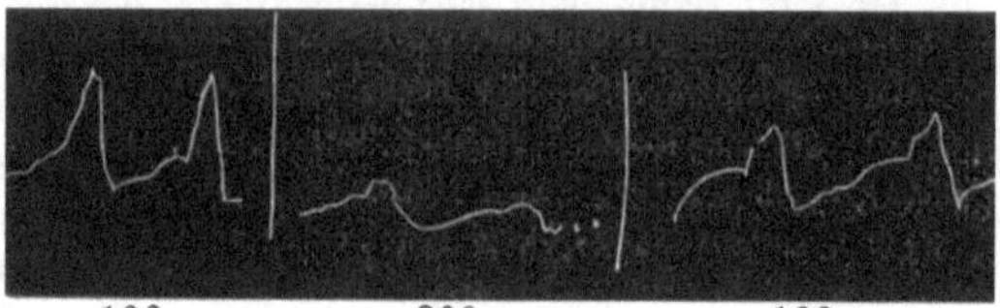

Belastung 100 200 100

Ich will nun die einzelnen Fälle etwas näher bezeichnen:

1. Herr M. Weber, der schon einen Bruder an der Schwindsucht verloren hatte, war 23 Jahre alt, unter mittlerer Grösse und von zartem Baue, aber gut proportionirt und nicht abgemagert. Seine Athemgrösse betrug 2000 Ccm. und würde bei kräftigerem Baue grösser gewesen sein, allein eine Functionsstörung der Lungen war zur Zeit der Beobachtung noch nicht vorhanden. Eine anfänglich noch bemerkbare Schwäche verlor sich während seines Aufenthaltes in Reichenhall, wo sich bald eine Zunahme der Kräfte einstellte, so dass er endlich ohne Beschwerden Spaziergänge von ein paar Stunden ausführte. Sein Puls war in der Ruhe 80—88, deutlich ausgeprägt, bisweilen sogar voll.

Den früher mitgetheilten Pulscurven füge ich die folgenden hinzu.

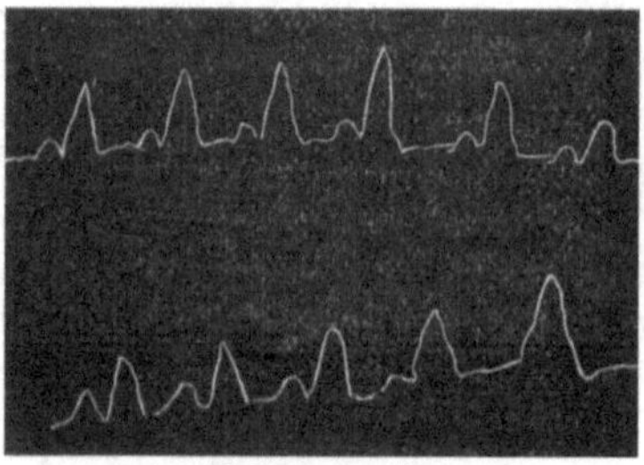

Belastung 30.

2. Herr v. Konsnezoff, 25 Jahre alt, mittlerer Grösse, von schwachen Muskeln und Knochen, hatte einen ausgesprochen phthisischen Habitus. Er war seit 5 Jahren brustleidend und hatte hie und da etwas Blut im Auswurfe gehabt. Einen Winter hatte er schon in Pau zugebracht, den letzten Winter war er in Nizza gewesen, von wo er gebessert nach Hause zurückkehrte, und auf dem Wege nahm er einen kurzen Aufenthalt in Reichenhall. Obwohl sein Aussehen nicht den Eindruck einer guten Ernährung machte, und oberhalb des rechten Schlüssel-

beines noch eine Dämpfung zu finden war, so fühlte er sich doch hinreichend gekräftigt, um seine Thätigkeit als Beamter wieder aufnehmen zu können. Sein Puls war über 80, er wurde bei der Belastung von 150 Grm. unterdrückt und zeigte mit 100 Grm. vergleichbare Formen, welche sämmtlich dicrot waren. Die Abbildung seiner Pulscurven habe ich ebenfalls früher schon mitgetheilt, und lasse hier noch einige folgen.

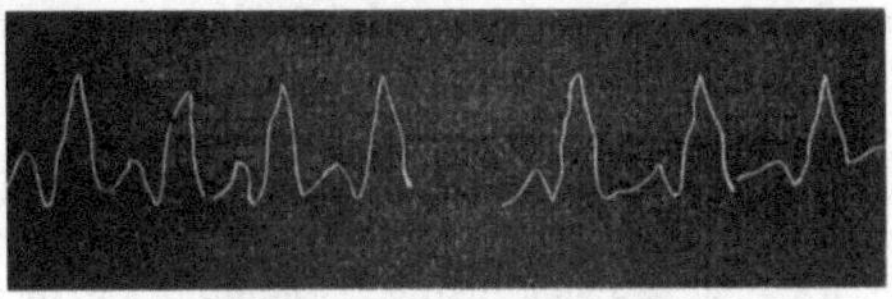

Belastung 100.

3. Ein anderer junger Mann, v. Fricks, 17 Jahre alt, dessen Pulscurven ich während einer Reihe von Sitzungen in der pneumatischen Kammer nehmen konnte, gebrauchte diese Kur prophylactisch, um seinen Brustbau zu einer kräftigeren Entwicklung zu bringen. Obgleich er den phthisischen Habitus hatte, war er bis jetzt nicht brustleidend gewesen und war im allgemeinen gesund, wenn auch nicht stark. Er war unter mittlerer Grösse und seine Athemgrösse betrug 1600 bis 1700 Ccm., etwas weniger als sie bei kräftigen jungen Leuten seines Alters zu sein pflegt. Sein Aussehen war gut. Neben den Sitzungen widmete er seine Zeit Spaziergängen und Landpartien.

Ich fand bei ihm niemals andere als dicrote Curven, wie sie hier abgebildet sind und sein Blutdruck war geringer als gewöhnlich, denn man durfte die Belastung nicht über 100 Grm. erhöhen, auch war die Pulsfrequenz über 80 Schläge.

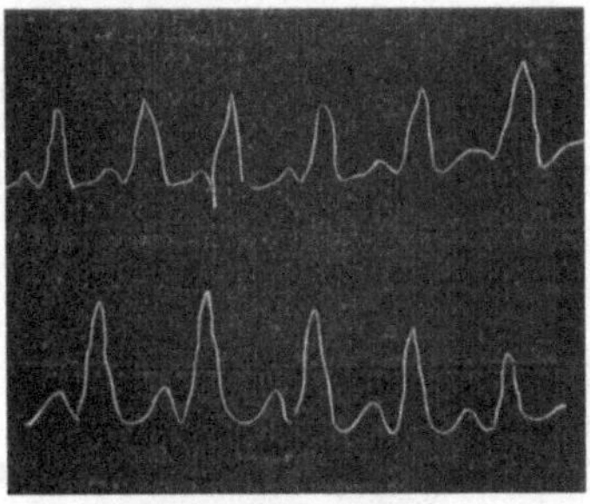

Belastung 100.

4. Herr Jusinger, 24 Jahre alt, hatte einen Bruder an der Schwindsucht verloren. Er selbst hatte Reichenhall schon 1875 wegen eines chronischen Bronchialkatarrhes besucht, der nach einem Keuchhusten zurückgeblieben war, die Lungen waren damals im Uebrigen noch frei. Einige Jahre hindurch befand er sich nun wohl und widmete sich der Landwirthschaft, allein schon im Winter 1878/79 musste er Cannes

aufsuchen, wo ihn ein heftiger Blutsturz auf das äusserste schwächte. Im Sommer 1879 fand ich Dämpfung unterhalb des rechten Schlüsselbeines, während die Lungenspitze frei war. Er fieberte damals in Reichenhall noch einige Wochen, später verlor sich das Fieber. Im folgenden Winter verweilte er nacheinander an verschiedenen Küstenplätzen des mittelländischen Meeres und in Aegypten, wo er sich gut erholte, so dass ich keine Dämpfung mehr fand, als er im Sommer 1880 Reichenhall vorübergehend berührte.

Ich sah ihn im vorigen Sommer abermals, nachdem er den Winter in Nubien zugebracht hatte, er besuchte aber dieses Mal Reichenhall nicht wegen seiner Lungen, welche ihm schon seit längerer Zeit keinen Grund zur Beschwerde gegeben hatten, sondern um wegen einer, in Folge häufiger Migräne aufgetretenen Nervosität in der Gebirgsluft Besserung zu finden.

Die seit 1875 eingetretene Erkrankung des Herrn J. und die darauf folgende Besserung lässt sich an den von mir aufgezeichneten Körpergewichten und Athemgrössen verfolgen.

Das Gewicht hatte im Jahre 1875 67 Kilo betragen und in den Jahren 1879 und 1880 auf 62 Kilo abgenommen. Dann stieg es im Jahre 1881 auf 70 Kilo. Die Athemgrösse hatte 1875 3800 Ccm. betragen, sie war in 1879 und 1880 auf 2500 bis 2900 Ccm. gefallen und hatte sich 1881 auf 5300 Ccm. erhoben.

Im Verhältniss des erhöhten Körpergewichtes und der bedeutenden Athemgrösse fand ich nun, dass diese ganze Erscheinung eine kräftigere geworden war. Herr J. war gross und schlank, die Brust war von mittlerer Breite und besonders stark in die Länge entwickelt. Die Knochen der Extremitäten waren dünn und gestreckt, die Muskeln zwar schmächtig, aber wohl geformt. Das Herz fand ich nicht klein, dagegen sehr erregbar und die Herztöne schwach, die Spitze stand etwas tief, im 7. I.C.R., der Puls war auch hier über 80. Herr J. besass das Gefühl der wiedererlangten Kraft und machte sich gerne Bewegung im Freien.

Nachdem in diesem Falle die körperliche Entwicklung sich so günstig gestaltet hatte, muss ich gestehen, dass es mich überraschte, als ich fand, dass auch hier der Puls mit 150 Grm. unterdrückt wurde, wie Sie auf diesem Blatte sehen, und dass ich erst mit 50 Grm. Belastung vergleichbare Formen erhielt, welche grösstentheils der Reihe der dicroten angehörten.

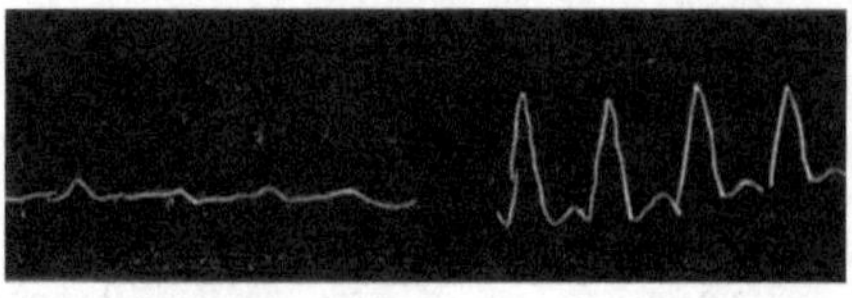

Belastung 150 50

Vergleichen wir unsere Fälle mit Bezug auf die Krankheitsanlage, so besass der erste eine ausgesprochene, wenn auch im Körperbau nicht angezeigte Anlage zur Entwickelung phthisischer Zustände in den Lungen. Der dritte hatte eine Körperbeschaffenheit, bei welcher man diese Anlage vorauszusetzen pflegt, bei den zwei übrigen war die Anlage sowohl im Körperbau, als in dem Auftreten von Krankheitszuständen zu erkennen.

Wenn nun diese Personen neben der gemeinsamen Krankheitsanlage auch einen geringeren Blutdruck und eine Form der Pulscurve untereinander gemein hatten, welche durch ihr ausschliessliches Auftreten eine unvollkommene Ausbildung der arteriellen Thätigkeit vermuthen lässt, so wird es schwer zu glauben, dass dies ein zufälliges Zusammentreffen sein sollte. Es liegt vielmehr nahe, anzunehmen, dass in diesen Fällen der geringere Blutdruck und die mangelhafte arterielle Thätigkeit einen wesentlichen Theil der Krankheitsanlage gebildet habe.

Die Unfähigkeit zu einer kräftigeren Zusammenziehung der Arterien würde entweder eine spärlichere Entwicklung der organischen Muskeln in der Arterienwandung oder einen geschwächten Einfluss der Gefässnerven voraussetzen lassen. Wahrscheinlicher ist das erstere, denn wir haben an dem Falle von Diphtherie gesehen, dass die Muskeln, wenn sie sonst gut entwickelt waren, auch bei der schwächeren Pulswelle eines geringeren Blutdruckes eine deutliche Gegenwirkung an der Pulsform erkennen liessen. Ausserdem lag kein Grund vor, in einem unserer Fälle eine geschwächte Empfindlichkeit des Nervensystems anzunehmen.

Den Einfluss der Wandstärke der Arterien und der eigenen Elasticität ihres elastischen Gewebes auf die Spannung habe ich hier nicht berücksichtigt, weil dieser nach den Untersuchungen unseres Collegen v. Basch mit dem Sphygmomanometer so gering ist, dass er neben der Thätigkeit der organischen Muskeln nicht in Betracht kommen kann. Ich glaube nicht fehl zu gehen, wenn ich vermuthe, dass man einen verminderten Blutdruck und das Fehlen von schärfer ausgeprägten Pulsformen stärkerer Spannung auch in anderen Fällen von phthisischer Anlage wieder finden werde.

Wenn wir dies voraussetzen dürfen, dann reihen sich diese Erscheinungen den von Beneke mitgetheilten pathologisch anatomischen Befunden bei phthisischer Anlage an die Seite. Er fand in einer grösseren Zahl von Fällen, dass das Herz im Verhältniss zur Körpergrösse in der Entwicklung zurückgeblieben, und zu klein war, und dass damit in Verbindung, aber auch als selbstständiger Befund, die Aorta und die grösseren Arterienstämme häufig enger waren, während die Art. pulmonalis oft weiter gefunden wurde als im Normalzustande.

Im Pulshebel besitzen wir ein Mittel um uns über die Beschaffenheit der Arterien in ähnlichen Fällen zu unterrichten und seine Anwendung wird sowohl für die Prognose, als für die Prophylaxe sehr nützlich werden können.

In den vorgelegten Fällen war die Füllung der Arterien nicht stark, allein ich könnte auch nicht behaupten, dass sie zu gering gewesen wäre. Es giebt übrigens auch Personen mit phthisischer Anlage, bei welchen die Arterien stark angefüllt sind, und der Puls langsam ist, während sowohl die Herzkraft als der arterielle Tonus schwächer sind, als im Normalzustande.

In solchen Fällen treten Formen stärkerer Spannung auf, welche hier die Folge nicht der Contraction, sondern einer stärkeren Dehnung der Arterie sind, und die sich von den Spannungsformen durch Contraction wohl unterscheiden lassen. Sie haben weichere Umrisse und sind in ihren einzelnen Theilen viel weniger scharf ausgebildet, auch verhältnissmässig etwas grösser, als gewöhnlich. Auch hier haben wir also eine verminderte Contractionsfähigkeit, welche sich an der Form der Pulscurve erkennen lässt.

Vorsitzender: Herr Dr. Nötzel wird jetzt eine sehr interessante Schrift über einen Streit, den die Stadt Colberg in Bezug auf die Unterhaltung ihrer Mineralquellen geführt hat, vertheilen. Morgen werden wir Gelegenheit haben, uns mit der Sache näher zu beschäftigen.

Herr Nötzel: M. H., ich möchte nur mit 2 Worten andeuten, dass die Colberger Petition, die ich soeben an Sie vertheilt habe, ein ganz besonderes Interesse auch für andere Badeorte, namentlich für die zahlreichen Soolbäder in Deutschland hat. Die Petition beantragt nämlich eine Abänderung des Berggesetzes vom 24. Juni 1865 dahin, dass Soolquellen demselben nicht ferner unterworfen sein sollen. Ich hoffe, Sie werden aus der Durchsicht der vertheilten Drucksachen bis Morgen soviel Interesse für die Sache bekommen, dass Sie dieser Petition, die dem Hause der Abgeordneten eingereicht ist und ausserdem noch Grund zu einer Beschwerdeschrift an den Minister der öffentlichen Arbeiten gegeben hat, Ihre Unterstützung nicht versagen werden. Ich glaube, dass es gerade die Aufgabe dieser Versammlung ist, diesen Bestrebungen ein geneigtes Ohr zu leihen, weil sie schon vor Jahren durch ihr Präsidium versprochen hat, die Frage des Quellenschutzes nicht von ihrer Tagesordnung verschwinden zu lassen.

Schluss der Sitzung um 10 ½ Uhr.

Versammlung am 19. März 1882.

Vorsitzender: Herr **G. Thilenius** (Soden-Berlin).

Derselbe eröffnet die Sitzung um 11 Uhr und theilt zunächst mit, dass im Vorsaale Ausstellungen gemacht seien, die eine durch Herrn Dr. Lehmann von Erwärmungsapparaten für Mineralwässer und die andere durch Herrn Dr. Friedländer von einer grossen Menge neuer Arzneimittel.

Alsdann spricht

Herr **Kisch** (Prag-Marienbad):

Ueber durch Badekuren entstandene gynäkologische Leiden.

Meine Herren! Wenn ich das angekündigte Thema, das ich schon an einem anderen Orte angeregt habe, hier zu erörtern mir erlaube, so geschieht dies vorzugsweise in der Absicht eine Discussion zu provociren, in welcher sich die Erfahrungen der geehrten Herren Collegen kund geben. Denn solche Discussionen scheinen mir überhaupt zur Hauptaufgabe unserer Vereinigung zu gehören und zwar nicht blos über die günstigen Erfolge der Brunnen- und Badekuren, sondern auch darüber, was wir im Verlaufe einer Reihe von Jahren an unangenehmen Zufällen beim Gebrauche von Brunnen und Bädern gesehen, sollten wir uns offen und wahrhaft aussprechen. Wir können aus unseren Misserfolgen ebenso lernen wie aus unseren Erfolgen und nicht minder wichtig ist es, eine Contraindication festzustellen als eine Indication.

In diesem Sinne sei hier ein kurzes balneologisches Sündenregister recapitulirt, das ich meinen Erfahrungen, speciell der letzten 10 Jahre, entnehme.

Da stosse ich vor Allem auf eine Reihe ätiologisch interessanter Fälle von acuter Parametritis. Wie Sie wissen, hat sich seit einiger Zeit die Aufmerksamkeit der Gynäkologen in eingehender Weise denjenigen Entzündungsprocessen zugewendet, deren Heerd die lockere Blut- und Lymphgefäss-reiche Bindegewebsmasse bildet, welche den Scheidengrund sowie den unteren Gebärmutterabschnitt umgiebt und die Basis der breiten Mutterbänder bildet, und deren Bezeichnung von Virchow als Parametritis allgemein acceptirt ist. Was die ätiologischen Momente dieser in ihren Folgen höchst wichtigen entzündlichen Infiltration betrifft, so herrscht darüber, dass dieselbe zumeist aus dem Puerperium herrührt, keine Meinungsverschiedenheit, wohl aber wird von mehreren bewährten Fachmännern und zwar englischen wie deutschen Gynäkologen geläugnet, dass traumatische Eingriffe, bei denen keine Infection der Wunde stattfindet, Parametritis zur Folge haben können. Dieser Anschauung, dass die Parametritis als eine Phlegmone des Bindegewebes zu betrachten sei, die stets secundär durch Resorption septischer Substanzen hervorgerufen wird, ist jedoch Spiegelberg entgegengetreten, welcher betont, dass wir das parametrane Gewebe fast immer entzündlich schwellen sehen nach Verletzungen des Collums „seien sie so oder so hervorgebracht, von grösserer oder geringerer Ausdehnung“ und dass die Insulte des unteren Uterus- und oberen Scheidenabschnittes die häufigsten Ursachen parametraner Entzündung sind.

Diese letztere Ansicht habe ich nun bestätigt gefunden, dadurch, dass ich wiederholt Parametritis in Folge Anwendung gewaltsam manipulirender Vaginaldouchen beim Bädergebrauche eintreten sah. Ich habe 25 derartige Fälle verzeichnet, sie alle betrafen jedoch Frauen, welche schon vorher an verschiedenen Sexualerkrankungen, an Structur- und Lageveränderungen des Uterus gelitten hatten, und bemerkenswerth scheint es mir, dass in mehr als zwei Drittel dieser Fälle Erosionen und Ulcerationen am Collum uteri vorhanden waren, so dass man also in der That annehmen kann, dass sich hier der Vorgang in ähnlicher Weise wie im puerperalen Zustande gestaltet und die Phlegmone des Bindegewebes von der Verletzung des Collum ausgeht. In allen diesen Fällen waren allgemeine Fiebererscheinungen mit der lokalen entzündlichen Infiltration aufgetreten. Hitzegefühl, erhöhte Körpertemperatur, beschleunigter Puls, zuweilen starker Schüttelfrost waren die zuerst auftretenden Erscheinungen, denen sich nach Verlauf von 1—2 Tagen die lokalen Symptome hinzugesellten: Druck und Schmerz im Becken, besonders bei Bewegung, Unbequemlichkeit beim Urinlassen, Stuhlabsetzen, Empfindlichkeit bei Untersuchung der Genitalien. Die Infiltrate waren seitlich, zumeist auf einer Seite, seltener hinter dem Collum als diesem sich enge anschliessende, weiche teigige, diffuse Tumoren von verschiedener Ausdehnung nachzuweisen; der Uterus dabei mehr oder minder in seiner Beweglichkeit gehindert.

Das Charakteristische für fast alle diese Fälle war, dass sie bei der noch später zu erwähnenden localen Anwendung von Kälte, ruhiger Bettlage, Anregung der Diurese durch reichliches Trinken kohlensäurehaltigen kalten Wassers und Gebrauch von Purgantien (am liebsten Infus. fol. Sen. in einer Mixtur. oleos.) einen recht günstigen Verlauf nahmen. Es erfolgte in ein bis drei Wochen vollständige Resorption und nur in 4 Fällen sah ich Pelveoperitonitis mit langwieriger Dauer eintreten.

Dass ähnliche Beobachtungen bisher sehr selten bekannt geworden sind, mag seinen Grund darin haben, dass diejenigen, welche sie zu machen am meisten Gelegenheit haben, die Badeärzte, wohl nicht sonderlich Lust zeigen, Misserfolge oder üble Zufälle in den Badeorten an die grosse Glocke zu hängen, anderweitig wird aber dieses ätiologische Moment seltener geboten; so finde ich in den Tabellen von Bernutz über die verschiedenen Ursachen der entzündlichen Erkrankungen des Beckenperitoneums und Beckenzellgewebes unter 99 Fällen, nur einmal angegeben Anwendung der Vaginaldouche auf einen ulcerirten Cervix.

Ueble Zufälle, wenn auch nicht sehr intensiver Art, habe ich überhaupt recht häufig durch Vaginaldouchen entstehen gesehen. Diese werden nämlich zumeist recht ungeschickt vorgenommen und bei Retroversionen des Uterus, wo das Os externum des Cervix in der Vaginalachse liegt, geschieht es nicht selten, dass das Wasser in den Cervix injicirt wird und hierdurch Uteruskoliken hervorgerufen werden. Die gebogenen Ansatzstücke der Douchen verursachen durch Anstossen an die vordere Vaginalwand zuweilen Reizungserscheinungen unangenehmer Art, und erfüllen überhaupt ihren Zweck recht schlecht. Es scheint nothwendig, dass man die üblichen Vaginalinjectionen durch Vaginalbespülungen ersetze und sich hiezu der Badespecula oder Vaginalirrigatoren bediene.

Einen ungewöhnlichen Anlass boten drei Fälle von Parametritis mit Pelveoperitonitis. Es liess sich bei diesen keine traumatische Erkrankung von unzweckmässigen Vaginaldouchen nachweisen, sondern die Frauen waren erkrankt, nachdem sie nach dem Gebrauche erregender Bäder (Moorbäder, Säuerlingsbäder) übermässig in den Bergen herumgelaufen und gesprungen waren. Betont muss werden, dass diese schon früher sexualkranken Frauen auch an hartnäckiger Obstruction litten und dass die Reizung des Darms hier mit zum Entstehen der Pelveoperitonitis beigetragen haben mag. Die Infiltrate in diesen Fällen waren auch hinter dem Collum des fixirten Uterus vorzugsweise fühlbar.

Erkrankungen der Sexualorgane sah ich weiter nach Bädern eintreten in 3 Fällen, in denen kohlensäurehaltige Bäder während der Menstruation genommen wurden. Von Alters her galt es als stricte Regel, während der Menses die Bäder auszusetzen. In jüngster Zeit wurde es, namentlich durch Anregung französischer Badeärzte, modern, auf das Vorhandensein der Menses während der Badekur keine Rücksicht zu nehmen und um eine bestimmte Zahl von Bädern zu erzielen, auch in dieser Epoche baden zu lassen. Entschieden mit Unrecht, wie dies auch diese 3 Fälle zeigen, in denen sich Pelveoperitonitis entwickelte, die vielleicht ihren Grund in einem kleinen intra- oder extraperitonealen Bluterguss haben mochte.

Bekanntlich haben Lee, Souchet, Raziborski u. A. nachgewiesen, dass bei der Menstruation nicht blos an der Schleimhaut des Uterus, sondern auch der Tuben eine Ueberfüllung der Capillargefässe und Absonderung von Blut stattfindet; es ist daher leicht denkbar, dass bei der durch die Bäder bemerkten Steigerung der menstruellen Congestion ein grösserer Blutaustritt in die Bauchhöhle stattfindet und zu Pelveoperitonitis Anlass giebt. Auch ist denkbar, dass durch die gesteigerte Congestion ein Blutaustritt aus den neugebildeten Gefässen der pseudomembranösen Bildungen des Beckenperitoneums stattfindet und zur partiellen Peritonitis führt.

Ich kann nur dann Bäder während der Menstruation zulässig erachten, wenn die Menses sehr spärlich sind und es sich darum handelt, gerade während dieser Zeit durch Bäder eine Erhöhung der localen Congestion zu erzielen, so bei Menstruatio parca der Fettleibigen.

Bei dieser Gelegenheit möchte ich auch meiner conservativen Anschauung bezüglich des Badegebrauches Schwangerer Ausdruck geben. Dieses Thema ist jüngstens in französischen und deutschen Fachorganen vielfach ventilirt worden und man ist zu dem Schlusse gekommen: Schwangerschaft ist keine Gegenanzeige für den Gebrauch der Bäder. Dieser Satz ist in seiner Allgemeinheit ohne Einschränkung entschieden nicht richtig und in seiner Anwendung gefährlich. Wir geben zu, dass er für indifferente Thermalbäder von nicht zu hoher Temperatur Giltigkeit haben mag, wie ja z. B. Adamczik berichtet, dass er bei 33 Schwangeren, welche die Bäder Landecks' gebrauchten, keinen Missfall zu beklagen hatte — allein es gilt dies keineswegs von den erregenden Bademethoden, von der Anwendung prolongirter Moorbäder und Säuerlingsbäder sowie heisser Bäder. Wir hören alljährlich von 1 bis 2 Fällen von Abortus, die bei Kurgebrauchenden unseres Badeortes vorkommen und möchten nicht behaupten, dass die Bäder an diesen Unfällen keinen Antheil von Schuld haben.

Ueble Zufälle sah ich endlich nach dem Gebrauche von Dampfbädern bei 16 Frauen, welche im Allgemeinen Neigung zu Menorrhagien hatten. In zwei Fällen waren Myome des Uterus vorhanden, die anderen Fälle betrafen vorzugsweise zwei Formen von Menorrhagien, denen keine palpablen Veränderungen des Uterus nachzuweisen sind, die Menorrhagien Fettleibiger und die klimacterischen Menorrhagien. Bei hochgradig fettleibigen Frauen treten bekanntlich zuweilen profuse Menstrualblutungen auf, die ihren Grund in den anhaltenden Stauungen im Gebiete der Vena cava ascendens und weiter der Beckengefässe haben, welche Ueberfüllung der Gefässe der Uterinalschleimhaut herbeiführen. Ebenso sind die Menorrhagien als Symptom des Klimacteriums bekannt. Nun werden sowohl bei fettleibigen als auch bei klimacterischen Frauen sehr häufig Dampfbäder und zwar mit sehr günstigem Erfolge für die Fettabnahme verordnet — allein ich habe beiderseits zuweilen nach dem Gebrauche derselben sehr heftige, schwer stillbare Blutungen auch ausserhalb der normalen Menstruationszeit eintreten gesehen.

So viel, meine Herren, wollte ich von üblen Zufällen mittheilen, die ich beim Gebrauche von Bädern gesehen. Sie mahnen jedenfalls zur Vorsicht und sorgfältigen Ueberwachung bei Badekuren gynäkologisch kranker Frauen. Ich könnte noch eine Art gynäkologischer Erkrankungen erwähnen, welche ich in Badeorten entstehen sah, das sind die durch locale Behandlung und Misshandlung des Uterus von minder kundiger Hand während der Kur; allein ich will hier heute nicht näher darauf eingehen, sondern begnüge mich noch, dieses schädigende Moment einfach aufzuzählen.

Discussion.

Herr Ewe: Der Herr Vorredner hat ausgeführt, dass unzweckmässige, gewaltsame, durch minder kundige Hand gemachte Operationen resp. ungenügende Ueberwachung der Kuren Schäden verursachen. Er hätte daher richtiger das Thema seines Vortrags nennen müssen: „über durch unzweckmässige und gewaltsame Curen entstandene gynäkologische Leiden“, denn in keinem Falle hat er nachgewiesen, dass bei der nöthigen Sorgfalt und Ueberwachung, die doch jedem Badearzt anerzogen, wenn nicht angeboren sein muss, irgend welche Schäden durch die Kuren allein entstanden sind.

Herr Berg: Ich schliesse mich den Anschauungen des Herrn Ewe vollkommen an. Der Herr Vortragende hat uns eben Beispiele von Missbräuchen mitgetheilt, und es ist gewiss nicht zu läugnen, dass ein Missbrauch auch in Badeorten so schädlich wirkt, wie anderswo. Was die Douchen betrifft, so ist in der That die starke Druckdouche nicht geeignet zu uteriNaler Einwirkung, und ich glaube auch, dass in keinem Badeort solche Douchen noch angewendet werden. Wir haben in Reinerz wohl Irrigatoren in den Douchezellen, wenden sie aber blos durch Vermittelung der Badefrauen an und geben sie nie den Patienten selbst in die Hände. Bezüglich der physiologischen Zustände, bei welchen College Kisch die Anwendung der Badekuren perhorrescirt, so glaube ich, dass es keinem Badearzte einfallen wird, während der Menstruation ohne Noth Bäder oder Douchen in Gebrauch zu ziehen. Bei Schwangerschaften habe ich niemals eine nachtheilige Wirkung selbst von ziemlich stark kohlensäurehaltigen Bädern gesehen, natürlich wenn die Bäder nicht alle Tage und nicht zu stark angewendet wurden. Moorbäder und Uterindouchen halte ich während der Schwangerschaft immer contraindicirt.

Herr Marcus: Ich constatire meine Uebereinstimmung mit den beiden Vorrednern. Ungeschickte Aerzte giebt es allerdings manchmal auch in Badeorten; damit hat Herr Kisch uns aber nichts Neues gesagt. Ich möchte bitten, dass in Zukunft die Ankündigung derartiger Themata unterbleibe, zumal wenn die Beweise fehlen. Denn wenn Herr Kisch verhindert gewesen wäre, den Vortrag zu halten, so hätte vielleicht eine ganze Menge von Aerzten, die nicht viel mit gynäkologischen Leiden zu thun haben, gedacht, es sei doch möglich, dass eine Frau durch eine Badekur gynäkologisch krank werden könnte. Ich glaube aber, durch Badekuren, natürlich durch vernünftige — durch unvernünftige Badekuren lässt sich alles möglich machen — ist noch keine Frau krank geworden.

Herr Sponholz: Ich stimme Herrn Kisch zu, dass wir nach alter guter Sitte Frauen während der Menstruation vom Bade zurückhalten. Was die Gravidität anlangt, so glaube ich, dass es der individuellen Beurtheilung jedes einzelnen gewissenhaften Arztes überlassen werden muss, ob er eine schwangere Frau Bäder, die ja doch sehr verschieden sein können, gebrauchen lassen will oder nicht.

Herr Schweiger: Was die Gravidität anlangt, so sind hier zwei verschiedene Meinungen; die eine, dass man bei Graviden überhaupt keine Badekuren anwenden dürfe und die andere, dass selbst mit kohlensäurereichen Bädern günstige Erfolge erzielt werden. Nun, m. H., wie gewöhnlich ist auch hier in der Mitte die Wahrheit. Wir können nicht sagen, dass wir bei Schwangeren absolut keine Mineralbäder anwenden dürfen, denn unter gewissen Cautelen wird auch eine restringirte, nicht kohlensäurereiche Badekur von wohlthätiger Wirkung sein. Ich meine nicht Schwangere, die an habituellem Abortus leiden oder Prädisposition dazu haben, die zu Congestionen der Unterleibsorgane hinneigen, die auch zur Zeit der Gravidität menstruiren. Dass man bei solchen keine Badekuren anwendet, bedarf wohl keiner besonderen Erwähnung. Bei anderen, die anämisch schwach sind, die keine Neigung zu Congestionen haben, sind restringirte Bäder oft von bedeutendem Erfolge. Die Anwendung der Moorbäder bei Gravidität verwerfe ich im Allgemeinen. Doch können dünne Moorbäder von 1—2 Proc., mässig lauwarm, 23—26°, von kurzer Dauer, 10—20 Minuten wohl genommen werden. Was die locale Uterinbehandlung anlangt, so ist das eine sehr delicate Frage, die wir hier nicht so nebenbei erledigen können. Eine eingreifendere locale Behandlung, wenn die Patientin nicht schon früher zu Hause behandelt wurde, möchte ich nicht in Badeorten vornehmen.

Vorsitzender: Ich möchte die Herren Redner bitten, ihre Aufmerksamkeit etwas mehr auf die Balneomethodik zu richten, denn ich glaube, das ist ein Capitel, über das wir im Anschluss an die Anregung des Herrn Kisch wohl mit Nutzen discutiren können.

Herr Nötzel: Ich habe in Colberg meines Wissens weder bei dem Gebrauch von vaginalen Douchen, wo sie angezeigt waren, Uebelstände gefunden, noch die Schwangerschaft als einen Grund, Bäder nicht nehmen zu lassen, fürchten gelernt, und ich möchte glauben, das hängt von der Methode ab, die man anwendet. Ich lasse meine Patienten nicht die allerdings vorhandenen Eimerdouchen gebrauchen, sondern lasse, schon um jede Möglichkeit der Infection durch gemeinschaftlichen Gebrauch irgend welcher Douchapparate zu verhüten, nur Irrigatoren oder Gummiballons anwenden, welche die Patientinnen selbst besitzen. Die Gravidität sehe ich nicht als Contraindication an, wenn eine Soolbadekur überhaupt indicirt ist, aber ich bin vorsichtig. Ich verordne im Anfange nur verdünnte Bäder von ca. 1 Proc. und steigere nach je 2—3 Bädern den Gehalt um 1 Proc. bis auf 5 Proc., in etwa 8—10 Tagen, lasse die Bäder mehr kühl nehmen, in der Regel nicht über 26° und nicht über eine Viertelstunde ausdehnen. Dabei habe ich Nachtheile nicht gesehen. Ich glaube, dass oft genug rein mechanische Ursachen die Unterbrechung der Gravidität bewirkt haben, und möchte noch besonders darauf hinweisen, dass wir in Colberg auch Gelegenheit haben, eine andere Art von Mineralbädern, die Seebäder — denn diese darf man doch auch gewissermaassen zu den Mineralbädern rechnen — bei Gravidität anzuwenden. Ich rathe jeder Schwangeren von Seebädern ab, weil ich gesehen habe, dass zwar nicht die Bäder an sich, wohl aber die mechanischen Insulte, denen die Frauen beim Nehmen der Seebäder leicht ausgesetzt sind, sich öfters rächen.

Herr Fromm: College Kisch hat zwar vor Anwendung von Seebädern in der Gravidität nicht gewarnt, doch liegt es nahe, gerade diese für besonders gefährlich zu halten, da sie ja wohl die erregendste Form von Bädern ausmachen. Um dieser Besorgniss entgegenzutreten, möchte ich erwähnen, dass ich in den 14 Jahren, seit ich in Norderney practicire, eine nicht geringe Zahl von Schwangeren habe Seebäder nehmen lassen, d. h. nur innerhalb der ersten Hälfte der Gravidität, und dass ich niemals einen Abortus zu beklagen hatte. Der Vorsicht wegen habe ich allerdings starken Wellenschlag vermeiden und deshalb überwiegend zur Zeit der Ebbe baden lassen. Ich kann daher annehmen, dass bei Anwendung aller nöthigen Vorsichtsmaassregeln die Gravidität in den ersten 4—6 Monaten keine Contraindication für Seebäder bildet und füge hinzu, dass ich im Gegentheil öfters bei Frauen, die an habituellem Abortus litten, einen normalen Ablauf der Schwangerschaft gesehen habe, wenn sie während der Gravidität Seebäder nahmen.

Herr Schott: M. H., wenn ich auch nicht in der unangenehmen Lage bin, über solche Misserfolge Ihnen hier berichten zu können, und wenn ich auch zugestehen will, dass man vielleicht die Form etwas geschickter hätte wählen können, so habe ich dennoch nichts gegen den von Herrn Collegen Kisch gewählten Wortlaut einzuwenden und zwar aus folgenden Gründen: Ich habe in Nauheim im Anfange meiner dortigen Praxis die Vaginaldouche gerade so angewendet, wie sie früher von all meinen Collegen angewendet worden ist. Die Einrichtung war so, dass einfach an das Leitungsrohr einer bestimmten Quelle — wir haben 2, Nummer 7 und 12, die beide mit sehr intensivem Druck aus dem Rohre strömen — ein Gummischlauch angeschraubt wird; an letzterem befindet sich ein Mutterrohr, welches eingeführt wird. Ich habe zwar keine Parametritis nach einer so angewandten Vaginaldouche gesehen, aber ich habe öfters Gelegenheit gehabt zu sehen, dass danach sehr heftige Schmerzen eintraten; eine wirkliche Entzündung habe ich glücklicherweise nicht beobachtet. Bei der Untersuchung fand man den Uterus vergrössert, er sass, so beschrieb es mein Bruder Dr. August Schott, wie ein Kürbis auf einen dünnen Stiel. Das waren natürlich üble Zustände, und ich kann mir sehr gut denken, dass, wenn man mit der Vaginaldouche in dieser Weise fortgefahren wäre, man wohl Entzündungserscheinungen bekommen hätte. Als ich nachher die Sache so modificirte, dass ich den Hahn der Quelle nur halb aufmachen liess, so dass eine ganz gewöhnliche Irrigation stattfand, wie wir sie mit dem Irrigator mit nicht zu hohem Druck gewöhnlich machen lassen, bekam ich keine üblen Folgen mehr zu sehen. Nebenbei bemerkt sah ich ausserdem — ich weiss nicht ob in Folge eines noch später zu erörternden Umstandes oder ob in Folge der Vaginaldouche — bei einer Dame von 22—23 Jahren eine leichte Schwellung des einen Ovariums entstehen, d. h. es war keine ausgesprochene Oophoritis, aber das leicht durchfühlbare Ovarium war deutlich vergrössert und auch etwas schmerzhaft, und ich konnte mich des Gedankens nicht erwehren, als wenn durch die Vaginaldouche die vorher nicht constatirte Schwellung entstanden sei. Das war der erste Punkt, der zweite Punkt ist die Frage: Sollen wir während der Menstruation baden lassen? Ich habe es nicht gethan, und zwar aus folgenden Gründen. Sie wissen ja, dass sehr häufig Damen zu uns kommen, welche möglichst rasch mit ihrer Badekur fertig sein wollen; sie halten dann öfters die vorgeschriebenen Pausetage nicht ein oder bleiben zu lange im Wasser. Und eine der häufigsten Folgeerscheinung ist neben der zu frühzeitig eintretenden Menstruation ein sehr starker Blutverlust, welcher öfters so profus wird, dass man local dagegen einschreiten muss. Oefters auch sah ich, dass Damen, welche am Ende der Menstruation bei noch bestehender leichter Blutung wieder zu baden anfingen, nun plötzlich profuse Blutungen bekamen, welche mehrere Tage lang anhielten und zur örtlichen Behandlung nöthigten.

M. H., ich glaube deshalb, dass wir hier dieser vorgelegten Frage doch entschieden näher treten müssen, um so mehr als wir in der Gynäkologie geneigt sind, gerade während der Menstruation den Uterus direct zu behandeln, sei es durch Ausspritzungen, Einlegung von Stiften, sei es durch Ausschabung mit dem scharfen Löffel etc. Und so halte ich es für sehr angezeigt, und bin Herrn Kisch sehr dankbar, dass er uns die Frage vorgelegt hat, um so mehr, als eine grosse Anzahl von Collegen behauptet, gerade so wie man local den Uterus behandele, könnten wir auch sehr gut während der Menstruation baden lassen. Ich glaube für starke Bäder ist die Menstruation entschieden eine Contraindication für's Baden und vielleicht haben die geehrten Collegen die Güte und theilen uns mit, ob auch vielleicht schwächere Bäder eine Contraindication abgeben, denn dann würde man im Stande sein zu sagen: es darf während der Menstruation überhaupt nicht gebadet werden. Wenn wir uns den physiologischen Vorgang wie er während der Menstruation stattfindet vorführen, so ist es für Jedermann leicht erklärlich, wie das Bad mit seinem mächtigen Einfluss auf das gesammte periphere Nervensystem, durch diesen Reiz einen gesteigerten Blutandrang nach dem Uterus, eine vermehrte Rhexis der Gefässe daselbst veranlasst. Wenn wir das aber vermeiden, wenn wir z. B. die ganze Körperconstitution kräftigen wollen, so kann es sicherlich nicht gleichgiltig sein, ob wir nach einer normalen Menstruation nun noch einmal eine starke Blutung hervorrufen oder nicht. Also ich glaube, wenn wir uns hier einigen, z. B. durch eine grosse Zahl von Beispielen belegen, dass die Menstruation eine Contraindication gegen das Baden ist, dann wird es keinem Collegen später einfallen, nun trotzdem während der Menstruation baden zu lassen.

Meine Erfahrungen bezüglich der Wirkung des Badens auf die Gravidität sind so geringe, dass sie hier kaum in Betracht kommen. Für starke Bäder möchte ich Ihnen aber doch eins in's Gedächtniss rufen. Ich glaube, dass starke, besonders kohlensäurereiche Bäder doch in den ersten Monaten eine Contraindication bei Gravidität bilden. Ich glaube, dass hier der Reiz auf das periphere Nervensystem von der Bauchwand aus ebenso gut Abortus hervorrufen kann, wie leichte Reibungen der Bauchwand (von der vermehrten Fluxio sanguinis zum Uterus sprach ich Ihnen schon vorhin), und ich habe nie baden lassen, wenn die Patientinnen sagten, dass sie schwanger seien. Freilich kam es mir vor, dass Patientinnen badeten ohne zu wissen, dass sie gravidae seien und bei diesen habe ich keine üblen Zufälle gesehen, aber ich glaube, dass wir doch auch in dieser Beziehung vorsichtig sein sollten.

Herr v. Bünau: Ich glaube als ältester Badearzt von Colberg die Pflicht zu haben, auch meine Meinung in Bezug auf die Einwirkung der Colberger Soolbäder auf die Menstruation, überhaupt auf die Sexualorgane auszusprechen, und ich kann wohl sagen, dass es nach meiner langjährigen Erfahrung kein besseres Abortivum giebt, als den Gebrauch der Soolbäder. So habe ich, wenn auch keine Todesfälle, doch sehr schwere Abortivfälle in dem langen Zeitraum meiner Badepraxis zu verzeichnen und muss sehr warnen, nach Colberg Frauen zu schicken, die möglicherweise doch schwanger sind, wenn auch der Hausarzt es vielleicht nicht unmittelbar constatiren konnte. Junge Mädchen aus anständigen Familien sind mir zugeschickt worden, wo ich garnicht annehmen konnte, dass hier ein Abortus stattfinden könnte, und nach vierwöchentlichem Gebrauch der Soolbäder trat er doch ein. In Bezug auf Seebäder möchte ich nur sagen, dass viele Patientinnen regelmässig in dem 4.—8. Monat der Schwangerschaft nach Colberg kommen, um See zu baden. Sie halten das für eine Kräftigung ihrer ganzen Constitution und ich habe keine schlimmen Zufälle gesehen, natürlich bei Anwendung der geeigneten Vorsichtsmaassregeln. Man muss aber gewiss sein, dass keine Schwangerschaft im 3. oder 4. Monat vorhanden ist.

Herr Kisch: M. H., ich bedaure vor Allem, dass der Titel meines kleinen Vortrages zu einem Missverständniss weitgehendster Art Veranlassung gab. Ich nehme an, dass es vielleicht zweckmässiger gewesen wäre zu sagen: über die „bei" Badekuren entstandenen, anstatt „durch" Badekuren. Ich nehme an, gebe es aber nicht zu, denn m. H., ich habe ausdrücklich Erkrankungen erwähnt, die durch Badekuren entstanden, nämlich durch Dampfbäder, Vaginalbäder, Douchebäder, und ich wollte, dass mir die Collegen auch ähnliche Erfahrungen mittheilten, wie ja College v. Bünau mittheilt, dass durch Sool- und Seebäder Erkrankungen stattfinden. Ich wollte nur einen Vortrag halten, um die Discussion anzuregen. Ich fragte Sie: haben Sie gesehen, dass Parametritis durch Douchen entsteht? — denn das ist ja ein sehr wichtiges Thema, welches selbst von Gynäkologen erörtert wird —; haben Sie üble Erfahrungen gemacht durch Baden während der Menstruation und haben Sie böse Zufälle gesehen beim Baden während der Gravidität? Es ist mir daher ganz unerfindlich, wie einzelne Herrn in solche Aufregung gerathen sind, als ob ich in selbstmörderischer Absicht die allgemeine Behauptung aufgestellt hätte, man solle keine Frauen in die Bäder schicken. M. H., Sie werden es doch einem practischen Arzte nicht zumuthen, dass, wenn er den Titel meines Vortrages liest, er dadurch bewogen wird, keine Frauen mehr in die Bäder zu schicken. Es gereicht mir zur grossen Befriedigung, hier eine Discussion hervorgerufen zu haben, in welcher auch manche Erfahrungen zur Sprache kamen, die sehr beachtungswerth sind.

Vorsitzender: Ich bin der festen Ueberzeugung, dass diese Discussion eine recht fruchtbringende für uns gewesen, und es wird wohl nicht das letzte Mal sein, dass wir uns darüber unterhalten. Ich möchte sogar direct die Bitte aussprechen, dass vielleicht das nächste Mal einer der Herren sich berufen fühlte, gerade in der Richtung, in der sich die Discussion bewegt hat, über die Balneomethodik, d. h. über die wichtigste Art der Anwendung von Douchen und Bäder sich aussprechen.

Herr **Kronecker** (Berlin):

Ueber die den Geweben des Körpers günstigen Flüssigkeiten.

M. H.! Wenn ein Physiologe die Ehre hat, vor Ihnen zu sprechen, so fühlt er sich deshalb dazu berechtigt, weil die einfachen Agentien, welche in den Heilquellen wirken, exacten physiologischen Experimenten zugänglich sind. Diese Agentien, von denen die meisten wenig different oder in so kleiner Dosis vorhanden sind, dass man ihnen keine wesentliche physiologische Wirksamkeit beimessen möchte, sind doch keineswegs zu verachten. Ich bin natürlich weit davon entfernt, als Anwalt der Herren Homöopathen aufzutreten; ich spreche selbstverständlich von denjenigen Bestandtheilen, die in analytisch greifbarer Quantität in den Wassern vorhanden sind. Sie werden auch von mir natürlich nicht erwarten, dass ich etwa Untersuchungen über einige von den Wassern angestellt habe; sondern ich möchte nur über einige Bestandtheile, die sich in den meisten der Brunnenwasser und in den Säften des Thierkörpers finden, ein paar Bemerkungen machen.

Wasser ist das mächtigste Grundelement unseres Daseins, 0,73 der Oberfläche der Erde nimmt das Wasser ein, während nur 0,27 dem Festlande bleiben. Es ist ein seltsames Zusammentreffen, dass ungefähr ebensogross der Antheil des Wassers im Körper unserer Thiere ist. Etwa 73 bis 78 Proc. enthält das menschliche Blut, 73,6 Proc. enthält der Gelenkknorpel, 77,6 Proc. der Rippenknorpel, 74—78 Proc. die Muskelsubstanz der Säugethiere, 71—77 Proc. die der Vögel und 80 Proc. ungefähr die der Kaltblüter. 70 Proc. enthält auch das zäheste Protoplasma der Pflanzen (Aethalium septicum). Was könnte es, würde man sagen, diesen Massen gegenüber bedeuten, dass 0,3 oder 0,4 Proc. Kali, 0,04 oder 0,05 Proc. Natron, dass 0,004 oder 0,01 Proc. Kochsalz im Fleisch sich findet? Wie sollte es darauf ankommen, ob im Blute 0,5 oder 0,4 Proc. Kochsalz gelöst ist, ob 0,6 oder 0,4 Proc. Kali darin sich finden? Es kommt aber gar sehr darauf an, und es ist dabei von grösster Wichtigkeit, dass die kleine Menge der Salze immer am rechten Orte steckt. Daher werden Gesammtanalysen kein vollkommenes Bild von der Bedeutung und Wirkung der Stoffe in den Geweben geben können. Wir tragen alle ein sehr starkes Gift mit uns herum, nicht etwa abgekapselt in einem Behälter: in Blase oder Drüse, sondern im gesammten Muskelgewebe, und mit dem Blutstrom durch alle Organe geführt: das sind die Kalisalze. Nach den Untersuchungen von Karl Schmidt finden sich in den Blutkörperchen 0,3328 Proc. Kalium neben 0,1052 Proc. Natrium, während im Serum nur 0,0323 Proc. Kalium, also nur der 10. Theil des im Plasma befindlichen neben 0,3341 Proc. Natrium — also dreimal mehr als im Plasma — gelöst ist. Es enthält also das Blut eines Mannes im Ganzen etwa 18 Gramm Kalium.

Im Jahre 1863 entdeckten Bernard und Grandeau, dass Kalisalze, in die Blutbahn von Kaninchen oder Hunden gebracht, diese nach wenigen Secunden tödten, während grosse Mengen entsprechender Natronsalze unschädlich sind. Traube präcisirte 1864 das als Medicament geschätzte Kalinitrat als Herzgift. Paul Guttmann zeigte mit Rosenthal, dass auch Frösche diesem Herzgifte schnell erliegen. Es lähmt in mässigen Dosen die cerebro-spinalen Centralorgane, verursacht bei Warmblütern Dyspnoë und Convulsionen, die durch künstliche Athmung nicht beseitigt werden können. Hierdurch ist wohl die von Traube gefundene Erhöhung des arteriellen Druckes zu erklären, während die Pulsverlangsamung intracardialen Ursprungs ist. Ausgeschnittene Froschherzen werden durch 2procentige Lösung schon im Verlauf einer Minute, durch 1 procentige nach 8 Minuten gelähmt. In Chlornatriumlösung gebracht, können sie (nach Guttmann) wieder zu schlagen anfangen. Ebenso werden Gliedermuskeln durch Injection von Kalisalzlösungen (nach Ranke) bald ihrer Reizbarkeit beraubt. Auch in den Magen gebracht, wirken Kalisalze nicht viel schwächer, wie Hermann und Forel 1869 gefunden haben. So wurde auch die concentrirte Fleischbrühe ein starkes Gift und Herr Kemmerich, jetzt Director der grossen Südamerikanischen Fleischextractfabriken fand, dass der Herzlähmung durch Fleischextract ein Aufregungsstadium mit Beschleunigung und Verstärkung des Herzschlages vorhergeht. Nach Bogoslawsky sollen freilich nicht die Kalisalze, sondern das Kreatinin die Ursache der Giftwirkung des Fleischextractes sein und Bunge hielt die ganze Wirkung für fraglich, indem er meinte, dass die als Versuchsthiere benutzten Kaninchen in Folge der vorbereitenden Operationen leicht sterben, dass Menschen ungestraft sehr viel von diesem Fleischextract nehmen können, und dass ein Mensch sicherlich wohl 50 Gramm von dem Kalisalze einnehmen könnte, ohne zu sterben, um so mehr, als diese tödtliche Dosis nach den Untersuchungen von Orfila sofort starkes Erbrechen zur Folge haben würde, wodurch die schädlichen Massen wieder herausbefördert würden. Zur tödtlichen Injection in die Blutbahn aber, sagt er selbst, genügten gewiss 2—3 Gramm eines Kalisalzes vollständig. Sie sehen daher, dass, wenn, wie ich Ihnen vorhin angab, 18 Gramm im Blute des Menschen vorhanden sind, wir jedenfalls die 6fache Menge der tödtlichen Dosis in uns haben, und es ist nun die Frage, weshalb wir von diesen Kalisalzen, welche sich an so gefahrdrohender Stelle finden, nicht getödtet werden. Nun, es ist nicht Immunität, wie man sie den Schlangen gegen ihr Gift zugesprochen hat, sondern es ist die ganz einfache Folge davon, dass unser Blut keine Lösung ist, sondern ein getränktes Gewebe, und dass, ebenso wie im Fleisch die Kalisalze uns nichts schaden, sie auch in unsern Blutkörperchen uns nicht verderblich werden können. Wenn aber die Blutkörperchen zerstört werden, so dass sie die Stoffe, welche sie enthalten, in Lösung entlassen, so wird das Blut in der That ein starkes Gift. Wir können auf die leichteste Weise zeigen, dass solches Blut in kleinen Mengen schon tödtlich wirkt. Hier habe ich Ihnen etwas normales Kaninchenblut mitgebracht, welches ein wenig mit Kochsalzlösung verdünnt ist, um besser durch das Froschherz pulsiren zu können. Hier habe ich gleichzeitig einen Theil desselben Kaninchenblutes mitgebracht, dessen Blutkörperchen gesprengt sind, und zwar durch keinen fremden Zusatz, sondern nach Kühne's Methode nur durch wiederholtes Gefrierenlassen und Wiederaufthauen. Das Blut ist dunkelroth transparent „lackfarben“ geworden, indem die lichtreflectirenden Blutkörperchen ausgelaugt sind. Dieses Blut enthält also keine fremden Bestandtheile, aber die giftigen Kalisalze sind frei geworden und das Herz, welches hier an dem von mir modificirten

Ludwig'schen Froschherzmanometer befestigt ist und seine Pulse durch Hebung der Quecksilbersäule nach Umfang und Geschwindigkeit markirt, stirbt, mit diesem lackfarbenen Blute perfundirt, schnell ab, und zwar unrettbar, wenn die Wirkung einige Zait dauert. Dr. Mc. Guire hat im Jahre 1876 im physiologischen Institute zu Leipzig mit mir nachgewiesen, dass dieses lackfarbene Blut seine giftigen Eigenschaften lediglich seinem Gehalte an Kalisalzen verdankt; denn man kann es mittels Diffusion von den schädlichen Stoffen befreien und die anderen diffusiblen Blutbestandtheile sind (für sich untersucht) gefahrlos für das Herz.

Die nicht diffusiblen Eiweisskörper aber, welche für die Ernährung des Froschherzens wesentlich sind, bleiben dieser Blutflüssigkeit erhalten. Dr. Mc. Guire hat gezeigt, dass die Blutkörperchen zur Leistungsfähigkeit des Froschherzens nichts beitragen, indem er nachwies, dass das reine Blutserum ebenso kräftige Leistungen unterhält wie das Gesammtblut.

Die Blutkörperchen sind wesentlich zur Unterhaltung der Respiration, aber zur Ernährung der Muskelgewebe sind sie gewiss nicht erforderlich. Sie sind sogar insofern nachtheilig als sie die Kohlensäurebildung begünstigen und hierdurch die Gewebe asphyktisch machen. CO_2-Anhäufung aber lähmt schnell die Muskelkraft. Dr. Mc. Guire hat in der kurzen Mittheilung ebenfalls die wichtige Thatsache veröffentlicht, dass es genügt (durch Auspumpen) die CO_2 aus dem asphyktischen Blute fortzuschaffen, ohne O zuzuführen, um das damit perfundirte Herz wieder leistungsfähig zu machen. Die CO_2 wirkt also direct giftig, während Kohlenoxydblut dem normalen an Ernährungsfähigkeit fast gleichsteht. Die Kohlensäure unterscheidet sich aber in ihrer Wirkung von den Kalisalzen wesentlich dadurch, dass sie das Herz nicht tödtet, sondern nur für die Zeit seiner Einwirkung lähmt. Im Jahre 1874 habe ich mit W. Stirling (in einer Festschrift zum 25 jährigen Professor-Jubiläum von C. Ludwig) gezeigt, dass es die im Herzgewebe sich bildende Kohlensäure ist, welche die merkwürdige Erscheinung der von Bowditch gefundenen „Treppe“ verursacht. Es macht nämlich nach längerer Ruhe das Herz schwächere Pulse als zuvor, und erst mit dem Pulsiren steigen die Schläge treppenartig an. Dies komme daher, dass mit jedem Schlage die in dem Muskelbalkengewebe verborgene asphyktische Nährflüssigkeit durch die CO_2-freiere in der Herzhöhle enthaltene ersetzt wird. Man kann die umgekehrte Erscheinung, die absteigende Treppe hervorrufen, wenn man ein frisches Herz mit asphyktischem Blute füllt. Dann dringen mit jedem Schlage unbrauchbare Säfte in die Herzbalkennetze ein.

Ist dies nun eine Giftwirkung, oder eine Wirkung von Nahrungsentziehung?

Bis zu den von mir und Stirling angestellten Untersuchungen über die Bedingungen für die Muskelarbeit der Froschherzen glaubte man, dass das Herz in seinem Gewebe den Stoff enthalte, dessen Verbrauch die Entwickelung seiner Energie ermöglicht. Die folgenreiche Methode überlebende Organe zu studiren, welche Ludwig in die Physiologie eingeführt hat, gab uns die Möglichkeit diese Frage zu lösen. Das Froschherzmanometer (letzter Construction), welches sie hier sehen, ist ein bequemer Apparat, um Wirkungen von verschiedensten Stoffen auf das Froschherz zu vergleichen, indem eine Hahndrehung genügt, um die eine oder die andere der zwei Vergleichsflüssigkeiten durch das Herz strömen zu lassen.

Auf diese Weise haben wir gefunden, dass das Herz nicht von seinem Stoffe zehrt. Wir konnten mit Hilfe meiner Perfusionscanüle durch unschädliche Kochsalzlösung alle Nährstoffe aus dem Froschherzen, welches bekanntlich keine Coronargefässe besitzt, ausspülen, und fanden, dass hiermit allmählich auch die Leistung des Froschherzens (wie auch des Schildkrötenherzens) abnimmt.

„Verdrängt man das in der Herzhöhle befindliche Blut oder Serum durch unschädliche Kochsalzlösung (0,6 Proc.), so sinken die Pulse sehr schnell bis zur Unkenntlichkeit, bald bleiben nur noch matte peristaltische Bewegungen, und endlich steht das Herz in Diastole still, unfähig, selbst auf die stärksten Reize die leisesten Bewegungen auszuführen. Durchspült man nunmehr das erschlaffte Organ wieder mit sauerstoffhaltiger Blutflüssigkeit, so beginnt es bald fibrilläre Zuckungen zu machen, dann schwach zu schlagen, bis es endlich ebenso kräftig arbeitet, wie im frischen Zustande.“

Füllt man das Herz, nachdem es bis zum Scheintode blutleer gewaschen ist, mit Serum oder verdünntem Blute (1 Theil Blut und 2 Theile Kochsalzlösung sind die günstigste Concentration), so kann man die schönste Treppe entstehen sehen.

Sie sehen hier diese Vorgänge (Demonstration). Das Herz ist also nicht blos wegen seiner grossen Kraftentfaltung und wegen seiner vollkommenen Klappenmechanismen eine so wunderbare Maschine, sondern auch darum, weil es fast augenblicklich zur Leistung fähig ist, sobald es gespeist ist, und weil es die Spannkräfte, welche ihm zur Verfügung gestellt werden, auf die vollkommenste und sparsamste Weise zur Arbeit verwendet. Es stellt seine Leistung gänzlich ein, sobald ihm die Speise entzogen wird, zehrt also nicht vom eigenen Stoffe, erhält sich darum, gut ernährt und nicht misshandelt ungemessene Zeit. Stets arbeitet es mit voller Kraft und im passenden Tempo; wenig gestört durch unzeitgemässe Antriebe, gar nicht berührt durch den Wechsel der Reizstärke, wie es seine Bestimmung zu stetem gleichmässigem Fördern relativ grosser Lasten erheischt. Unter denselben Bedingungen (Wärme), welche die Umsetzung des Nährstoffes vergrössern, wächst die Beweglichkeit seiner Theile; die äusseren Verhältnisse (Kälte), welche den Stoffwechsel verzögern, machen es zugleich träger.

Was für die Leistung des Herzmuskels gilt, ist sicherlich auch für den Gliedermuskel anzunehmen. Daraus ist zu schliessen, dass die lange Zeit allgemein gültige Anschauung von Liebig nicht richtig ist.

Justus v. Liebig sagte in seinen berühmten chemischen Briefen (Auflage 4, Bd. II, S. 70):

„Im Thiere werden die formlosen Bestandtheile des Blutes zu geformten Theilen seiner Gebilde, und indem diese in formlose oder in unorganische Veränderungen zerfallen, kommt die in ihnen aufgespeicherte Kraft in den mannigfaltigsten Wirkungen zur Verwendung: der galvanischen Säule gleich ....., die sich selbst in neuen magnetischen, elektrischen und chemischen Wirkungen verzehrt."

Diese Anschauung haben wir also als unrichtig erkannt, denn das Froschherz hätte mit seinem Gewebsmateriale noch 20 Tage lang maximal fortarbeiten können, nachdem es von allen Blutbestandtheilen befreit war. Es wird also von den Muskeln die Arbeit nicht mittels Verbrauch ihres Baumaterials geleistet.

Nun erhob sich die Frage: Welche Stoffe vermögen die Herzmaschine im Gange zu erhalten? Sowohl die Eiweisskörper als auch viele Kohlehydrate und Fette sind als Erzeuger der Muskelkraft angesprochen worden.

Dr. Martius hat im physiologischen Institute mit mir eine Reihe sorgfältiger Versuche am Froschherzen angestellt, welche zeigten, dass keiner der stickstofffreien Körper, welche im Blute oder Muskel sich finden, das Herz zu ernähren vermag, dass ferner kein anderer Eiweisskörper als das Serumalbumin hierzu geeignet sei. Weder das Glykogen noch der Zucker, nicht Eiereiweiss, nicht Syntonin oder Pepton, nicht Myosin oder Casein, nicht Mucin oder Globulin vermögen die Leistung zu unterhalten. Jüngst hat Dr. von Ott (aus Petersburg) unter meiner Leitung noch nachgewiesen, dass die Milch nur ihrem Gehalte an Serumalbumin die Nährkraft für das Herz verdankt.

Freilich scheinen hiermit Versuche im Widerspruch zu stehen, welche Gaule in Strassburg vor mehren Jahreren angestellt hat. Dieser Forscher fand, dass wenn Kochsalzlösung das Herz erschöpft hatte, noch ganz schwach alkalische Flüssigkeit dasselbe wieder zu beleben vermochte, dass dies noch in erhöhtem Maasse der Fall war, wenn zu dieser alkalischen Kochsalzlösung Pepton gefügt wurde. Wir haben aber zeigen können, dass die alkalische Kochsalzlösung nur Blutreste (vermuthlich durch Bindung der CO_2) verwerthbar macht, die man mit derselben Flüssigkeit, ebenso wie mit Peptonlösung, auswaschen kann. Es ist also nur Serumalbumin im Stande, das Herz schlagkräftig zu erhalten.

Das Herz ermüdet, vermuthlich wenn das Serum durch Bildung von CO_2 in einen nicht mehr ernährenden Stoff umgesetzt worden ist. Bei dem ungemein grossen Arbeitsäquivalent des Eiweisses würde die schnelle Ermüdung nicht erklärlich sein durch Mangel der Nährstoffe im Ganzen. Aber auch Ranke's Lehre von den ermüdenden Stoffen ist nicht haltbar, weil das Wegspülen aller Materialien, wie gezeigt worden ist, nicht erhält, sondern alle Leistung aufhebt.

Es bleibt also nur die bereits erwähnte Annahme, dass für das Muskelgewebe nur die ihm zunächst anhaftende Nährschicht verwerthbar ist, dass ein Unbrauchbarmachen dieser Schicht durch CO_2 die Leistung aufhebt, selbst wenn in fernerer Umgebung noch viel Nährstoff vorhanden ist.

So haben wir erkannt, dass Lösungen von Serumalbumin genügen, um die Leistung des Froschherzmuskels zu unterhalten.

Dürfen wir diese Erfahrungen verallgemeinern?

Dürfen wir auch annehmen, dass, was für die Ernährungsverhältnisse des Froschherzens gilt, auch auf den ganzen Frosch Anwendung findet, und vollends auf den Warmblüter?

Dr. von Ott hat jüngst durch merkwürdige Versuche hier diese Berechtigung sehr wahrscheinlich gemacht. Da sehr verdünnte Blutlösungen noch zur Ernährung des Herzens hinreichen, so hatte ich mit J. Sander vor etwa einem Jahre Transfusionen von 0,6 procentiger Kochsalzlösung in die Venen zur Erhaltung des Lebens nach grossen Blutverlusten, welche den Blutdruck in gefahrdrohender Weise herabsetzten, mit Glück versucht. Diese Experimente, welche an Hunden angestellt waren, haben, nach den eingehenden Versuchen von E. Schwarz in Halle, den Anlass gegeben, in verzweifelten Fällen bei Menschen diese Transfusionen mit gutem Erfolge zu versuchen.

Dr. von Ott hat nun aber (in Uebereinstimmung mit unseren früheren Versuchen) ferner gefunden, dass die Thiere sehr starke Verdünnungen des Blutes durch Kochsalzlösung nicht ertragen. In einem Falle wurden einem Hunde etwa $^{10}/_{11}$ seines Blutes entzogen und dafür eine gleiche Menge 0,6 procentiger Kochsalzlösung injicirt. Der Hund entleerte bald blutige Massen aus dem Darme, und starb nach etwa 4 Stunden. Bei anderen Hunden versuchte nunmehr Dr. von Ott Transfusionen von Pferdeserum, welches man leicht frei von Blutkörperchen erhalten kann. Die Erfolge waren recht gut. In einem Falle wurden einem Dachshunde $^{14}/_{15}$ seines Blutes entzogen und darauf wieder durch Pferdeblutserum ersetzt. Es zerfielen darin noch viele Blutkörperchen in den Gefässen des Thieres, denn während das normale Blut des Thieres vor dem Aderlass 65,4 Blutkörperchen in einem Quadrat des Hayem'schen Zählgläschen enthielt, waren 1 Tag nach der Verblutung und Seruminjection durchschnittlich nur 1,17 Blutkörperchen in einem Quadrate zu finden, also etwa $^{1}/_{56}$, am 3. Tage 1,6, am 5. Tage 2,82, am 7. Tage 4,13, am 10. Tage 13,17, endlich am 16. Tage 24,55. Im Urin fand sich am ersten Tage schon kein Eiweiss, aber ziemlich viel Gallenfarbstoff. Der Harn blieb auch in der Folge stets eiweissfrei und war am 6. Tage auch frei von Gallenfarbstoffen. Das Thier war anfänglich somnolent und schwach, nahm aber schon am ersten Tage Milch, und gewann nach drei Tagen vollen Appetit. Jetzt befindet sich das Thier so vortrefflich, als wenn Nichts mit ihm vorgenommen wäre.

Das Serumalbumin ist also ein ausreichendes Nährmittel der Gewebe. Sind nunmehr die Salze im Serum gänzlich unnöthig?

Keineswegs. Wenn man das Herz mit einer Lösung von Serumalbumin in destillirtem Wasser perfundirt, so verfällt es in Todtenstarre.

Wasser ist ein starkes Gift der Gewebe.

Schon Haller hat beobachtet, dass mit Wasser ausgespritzte Frösche in Starrkrampf sterben. Sie sehen hier diese Präparate von Froschschenkeln, denen in die Aorta abdominalis eine Canüle eingebunden ist, durch welche aus dieser tubulirten Flasche 0,6 procentige Kochsalzlösung in die Muskeln fliesst. Die Schenkel bleiben weich und lebensfähig. Nunmehr aber lasse ich destillirtes Wasser einfliessen. Sie sehen wie die Muskeln in flimmernde Bewegung gerathen, dann leise Zuckungen vollführen, bis endlich, nachdem alles Kochsalz ausgespült ist, die Muskeln im Starrkrampf abgestorben sind.

Koelliker hat zuerst (im Jahre 1856) darauf aufmerksam gemacht, dass Kochsalzlösungen von gewisser Concentration die thierischen Gewebe lebend erhalten. Er fand, dass sich in 1 procentiger Kochsalzlösung die Blutkörperchen und Flimmerepithelien besser hielten als in concentrirterer. Roth und Engelmann fanden, dass Kochsalzlösung von 0,5 Proc. die günstigste sei; später erwies O. Nasse für die Froschmuskeln eine Lösung von 0,6 procentiger Kochsalzlösung als noch vortheilhafter.

Engelmann hat den Einfluss verschiedener Salzlösungen auf die Flimmerbewegung genau studirt (Ueber die Flimmerbewegung, Leipzig 1868, 158 S.). Er giebt da an (S. 29): Vermindert man den Salzgehalt der Flüssigkeit, in welcher die Rachenschleimhaut eines eben getödteten Frosches badet, unter 0,4 Proc. (bis 0,3 oder 0,25 Proc.), so nehmen die Bewegungen der Flimmerepithelien, nach anfänglicher Beschleunigung, bald bis zum völligen Stillstande ab. Dieser Stillstand zeigt alle Eigenschaften des Wasserstillstandes. Zellen und Flimmerhaare quellen stark, erstere heben sich von der bindegewebigen Grundlage ab, die Kerne schwellen zu grossen hellen Blasen mit deutlich vergrösserten Kernkörperchen und die Haare werden in schräg nach vorn geneigter Lage starr.

Schon nach 5 Minuten langer Dauer des Wasserstillstandes können die Bewegungen für immer erloschen sein. Von einem nur wenige Secunden lang angehaltenen kann durch günstige Kochsalzlösung die Thätigkeit der Cilien bis fast zur anfänglichen Höhe wieder gesteigert werden, und sich dann lange so erhalten.

Auf der anderen Seite genügt schon eine geringe Steigerung des Salzgehaltes über 0,6 Proc., um die Bewegung beträchtlich abzuschwächen. In Lösungen von 1 Proc. verlangsamt sich beispielsweise die Bewegung innerhalb der ersten Minuten bedeutend, hält sich dann aber oft Stunden lang auf niedriger, sehr langsam abnehmender Höhe. Viele Flimmerhaare stehen schon nach wenig Minuten ganz still. In Lösungen von 1,25 Proc. tritt der Stillstand noch merklich schneller ein, und wenn man ein frisches Stückchen Schleimhaut direct in eine Lösung von 2,5 Proc. bringt, so stehen die meisten Wimpern fast augenblicklich still.

Engelmann fand bis zur Publication seiner oben erwähnten Monographie (1868) keine deutlichen Unterschiede in der Wirkung starker Salzlösungen, wenn er in dem einen Falle ein frisches Präparat direct in die starke Lösung versetzte, in dem andern die Stärke der Lösung von 0,5 Proc. ausgehend, allmählich bis zur selben Höhe steigerte. „Jedem bestimmten Concentrationsgrade scheint somit", sagt Engelmann, „eine bestimmte mittlere Stärke und Schnelligkeit der Bewegungen zu entsprechen, und es wird nicht erlaubt sein, eine Accomodation der Bewegungen an starke Concentrationsgrade bei sehr langsamer Steigerung des Salzgehaltes der Lösung anzunehmen, wie dies Roth thut" (S. 30). Seitdem hat Engelmann diese Meinung wohl etwas modificirt, denn in seiner Physiologie der Protoplasma- und Flimmerbewegung (Hermann's Handbuch) 1879, Bd. I, Th. 1, S. 361 sagt er: „Wichtig ist, dass bei äusserst langsamer Steigerung der Concentration manches (ob alles?) Protoplasma sich an Lösungen accomodiren kann, die bei schneller Einwirkung hemmend, ja sofort zerstörend wirken würden. Dabei scheint dann auch keine entsprechend starke Schrumpfung stattzufinden." In Seewasser, welches Engelmann seit mehr als 1 Jahr bewahrt und dessen Salzgehalt durch allmähliche Verdunstung bereits auf über 10 Proc. gestiegen ist, leben noch immer, anscheinend behaglich, zahlreiche Protozoen neben Würmern, Arthropoden, Diatomeen, grünen Algen etc. Süsswasseramöben konnte er wie Czerny (1869) im Laufe mehrerer Wochen bis an 4 Proc. Kochsalz gewöhnen. Bei plötzlicher Einwirkung verwandeln Kochsalzlösungen von 10 Proc. nach Kühne Süsswasseramöben sogleich in Kugeln, welche schnell zerplatzen.

Nunmehr werden Sie fragen, weshalb die Thiere, die in süssem Wasser leben, welches beständig auch manche mit Flimmerepithel bekleidete Schleimhäute bespült (z. B. die Rachenschleimhaut der Frösche) nicht davon leiden. Es ist die Antwort noch nicht mit voller Sicherheit zu geben. Jedenfalls sind die Cilien selbst nicht so empfindlich wie das Zellenprotoplasma und daher sind verwundete Stellen der Schleimhäute ebenso wie auch von Epidermis entblösste Partien der Körperhaut von Wasser schmerzhaft afficirt und selbst oberflächlich getödtet.

Die Nasenschleimhaut des Menschen besitzt an den Orten, wo sie gewöhnlich den umgebenden Flüssigkeiten nicht zugänglich ist, eine ähnliche Empfindlichkeit wie blossliegendes Protoplasma. Daher sind bei Gebrauch der Weber'schen Nasendouche die für Protoplasma ungünstigen Flüssigkeiten zu vermeiden.

Den Gebrauch dieser Douche habe ich durch unseren Vorsitzenden, Herrn Sanitätsrath Dr. Thilenius, im Jahre 1869 zu Soden kennen und schätzen gelernt.

Einige Sodener Quellen haben, wie Herr Thilenius in seinem Buche über Soden schon hervorgehoben, eine zur Nasendurchspülung besonders geeignete Concentration. Man kann daher Kochsalz-Wasser wie z. B. Sodener Champagnerquelle oder Kissinger Rakoczy oder der Wiesbadener Kochbrunnen und Aehnliche recht eigentlich als physiologische Spülwasser der Gewebe bezeichnen.

Es wäre nun die Frage, ob das Kochsalz sich nicht durch andere Salze ersetzen liesse. Auch hierfür existiren schon manche Anhaltspunkte.

Kühne hat (1879) als Conservirungsflüssigkeit 0,5 Proc. NaCl + 0,25 Na_2HPO_4 empfohlen, Biedermann (1880) 0,5 Proc. NaCl + 0,2 Proc. Na_2HPO_4 + 0,05 Proc. Na_2CO_3; Nasse (1869) 0,6 Proc. NaCl, 1 Proc. $NaNO_3$ Lösung, 1,4 Proc. Na_2SO_4 Lösung, Cohnheim fand, dass die günstigste Concentration für die Transfusate im Kaninchen 1 Proc. NaCl ist, Schwalbe bestimmte für verschiedene Thiere die Optima.

Engelmann giebt an (l. c. S. 33), dass die Concentrationsgrade, in denen man andere neutrale Salze anwenden muss, um einen der Kochsalzwirkung ähnlichen Effect zu erreichen, für jeden Körper besondere von seinem endosmotischen Aequivalent abhängige Werthe haben. Auch die Alkalien, deren belebende Wirkung auf erloschene Flimmern Virchow schon 1853 an menschlichen Leichen gefunden hatte, sind, wie oben erwähnt, nützliche Bestandtheile physiologischer Spülflüssigkeiten. Ganz gewiss eignen sich für verschiedene Schleimhäute, auch abgesehen von Veränderungen, die ihre Secrete auf die sie bespülenden Flüssigkeiten ausüben, verschiedene Lösungen und so wird sich vielleicht die wahrgenommene Heilwirkung mancher Quellen auf bestimmte Organe erklären; aber erst physiologische Experimente werden wissenschaftliche Fundamente für die Beurtheilung der Wirkungen von Heilquellen geben.

Vorsitzender: M. H., ich glaube in Ihrem Sinne zu handeln, wenn ich Ihren Beifall, den Sie soeben kund gegeben haben, auch in Worten ausdrücke und Herrn Prof. Kronecker für seinen speciell für uns hochinteressanten Vortrag unseren aufrichtigsten Dank sage.

Herr **Schuster** (Aachen):

Ueber den Einfluss des Schwefelthermalwassers auf die Ausscheidung des Quecksilbers bei und nach Quecksilberkuren.

Es ist eine über die Wirkung der Schwefelquellen längst und allgemein verbreitete Ansicht, dass die in deren Wasser enthaltenen Schwefelverbindungen die Ausscheidung der Metalle aus dem Organismus befördern, und demgemäss wurden und werden noch heute die Schwefelthermen gegen chronische Metallvergiftungen, speciell gegen chronische Blei- und Quecksilbervergiftungen empfohlen. Solche chronische Metallvergiftungen entwickeln sich sehr langsam durch continuirliche Aufnahme minimaler Mengen, z. B. von Blei- oder Quecksilberverbindungen und gerade in dieser langsamen, beständigen Einwirkung liegt die Gefahr.

Ueber den Werth der Schwefelverbindungen enthaltenden Wässer auf solche Intoxicationen resp. die Ausscheidung der Metalle ist man nun sehr vorsichtig geworden; man geht in der neuesten Zeit so weit, den therapeutischen Werth der Schwefelthermen betreffs ihrer Schwefelverbindungen überhaupt zu bezweifeln, ja, wo man keine handgreifliche Wirkung der Mineralwässer sieht, da giebt sich die Neigung kund, deren Werth dem des einfachen Wassers gleich zu stellen.

In den Aachen-Burtscheider Thermen ist die gelöste Schwefelverbindung als Schwefelalkali vorhanden, das in verdünnten alkalischen Flüssigkeiten immer gelöst ist; ausserdem befindet sich aber in demselben eine Verbindung, auf die im Jahre 1879 während des balneologischen Congresses Herr Professor Liebreich in so hochinteressanter Weise aufmerksam gemacht hat, nämlich das Kohlenoxysulfid, eine Verbindung, welche nach mündlicher Mittheilung des mir befreundeten Chemikers Herr Dr. Wings wiederholt im Aachener Thermalwasser von ihm gewonnen worden ist. Man dachte sich nun die Einwirkung des Schwefelwassers auf die Ausscheidung des einverleibten Quecksilbers in einfacher chemischer Weise. Es entsteht ja, wenn ein lösliches Quecksilbersalz und Schwefelalkali zusammenkommen, von denen beide für sich giftig wirken können, das indifferente Schwefelquecksilber. Hiernach müsste das S-Alkali gegen Hg-Vergiftungen das geeignete Gegengift sein. Man empfiehlt aber trotzdem bei acuten Quecksilbervergiftungen nicht das Schwefelalkali als Gegenmittel, weil es ja in grösseren Mengen angewandt werden müsste, die für sich giftig wirken, weil aber auch das entstandene SHg eine concentrirte Schwefelalkalilösung fände, in dem es sich sofort wieder lösen würde, da es nur in verdünnter alkalischer Lösung unlöslich ist.

Nun kommen aber bei unseren Hg-Curen nicht leicht acut vergiftende Mengen in Betracht; auch ist bei dem Genuss des Schwefelwassers die Menge des Schwefelalkalis zu gering, um vergiftend zu wirken. Man hat dieselbe aber für so gering angesehen, dass man schon deshalb dem S-Alkali eine besondere Wirkung absprechen zu sollen vermeinte.

Es muss jedoch zunächst mit Rücksicht auf die täglich zu Kurzwecken eingeführten Hg-Mengen bemerkt werden, dass dieselben auch nicht gross sind. Innerlich giebt man täglich 0,005 bis 0,03 Sublimat, mittelst subcutaner Injection injicirt man täglich etwa 0,015 Sublimat, etwa ebensoviel geht nach einer Berechnung des Herrn Dr. Wings in Aachen bei den täglichen Einreibungen von Unguentum hydrargyr. cinereum auf eine Fläche von 1000 □ Cm. in den Organismus über, nämlich innerhalb 24 Stunden 0,0141 Hg, das macht auf Sublimat berechnet 0,0191 Sublimat. Diese auf sehr genauen Versuchen beruhende Berechnung finden Sie in dem 4. Hefte des Archivs für Dermatologie und Syphilis 1881 in der hochinteresanten Arbeit „über die Abdunstung des Quecksilbers bei Einreibekuren“.

Mit Rücksicht auf die bei Thermalkuren an S-Wässern einverleibte S-Alkalimenge muss folgendes erwähnt werden:

Das Aachener Thermalwasser enthält nach der auf directem Wege gemachten chemischen Analyse in 1 Liter 0,0125 SNa; werden nun täglich nur 4 Glas verbraucht, die je $^1/_4$ Liter halten, so entspricht diese Menge Wasser einem Gehalte von 0,0125 SNa.

Das Atomgewicht von SNa ist 39, das Atomgewicht von Sublimat ist 135,5; demnach werden mit 1 SNa 3,48 Sublimat unschädlich gemacht; oder mit 0,0125 SNa werden 0,0435 Sublimat unschädlich gemacht, das wäre also ungefähr die 2- bis 3fache Menge der gebräuchlichen mittleren täglichen Anwendungsdosis.

Wie gering demnach also auch an und für sich die im Tage mit 1 Liter S-Wasser getrunkene Menge SNa ist, so darf sie durchaus nicht wegen ihrer scheinbar kleinen Menge als unwirksam, als nicht in Betracht kommend angesehen werden. Im Gegentheil würde die Menge des täglich eingeführten mittleren Quantums SNa mehr als ausreichen, das gebräuchliche tägliche Quantum Quecksilber unwirksam zu machen, wenn es auch nur theilweise mit demselben im Magen zusammenträfe. So günstig liegen aber die Bedingungen zur SHg-Bildung nicht.

Die Quecksilberverbindung wird, auch wenn sie in den Magen kommt, von den Lymphgefässen und den Capillaren aufgenommen und durch die Circulation den Geweben zugeführt, oder aber es geschieht letzteres mit Umgehung des Magens bei den Hg-Curen durch die Haut, sei es durch Hg-Dampfbäder oder Einreibungen, oder auch subcutan. Wie sich das Quecksilber in der Säftecirculation und in den Geweben verhält, ist unbekannt; man hat bis jetzt allgemein eine Umwandlung des Hg in irgend eine unlösliche oder fast unlösliche Quecksilberalbuminatverbindung angenommen. Würde das Quecksilber in löslicher Verbindung circuliren und demgemäss nach der Einverleibung normal wieder ausgeschieden werden, würde anderseits das durch die Magensäure aus dem SNa hervorgegangene SH-Gas von den Gefässen des Magens ebenfalls in die Circulation aufgenommen werden, so müsste wohl nothwendigerweise irgendwo eine Verbindung von S und Hg zustande kommen.

Wie verhalten sich nun aber beide Voraussetzungen in Wirklichkeit?

Die erste Voraussetzung, dass das Quecksilber sich in löslicher Verbindung in den Parenchymsäften befinde, widerspricht den jetzt noch allgemein gültigen Anschauungen.

Obzwar das Hg ein grosses Vermögen hat, lösliche Halloidsalze zu bilden (mit Cl, J.), obzwar das fällbare Sublimatalbuminat in überschüssiger Eiweislösung, wie sie sich überall im Organismus vorfindet, wieder löst, so nimmt man dennoch an, dass es sich in unlöslicher Verbindung als ein Quecksilberoxydalbuminat in den Geweben deponirt befinde; hier könne es nun längere Zeit, Monate, Jahre liegen bleiben. Die neuesten Untersuchungen über die Ausscheidung des Quecksilbers durch den Harn bei und nach Hg-Curen scheinen diese Annahme zu bestätigen. Im Jahre 1880 haben Vajda und Paschkis ihre Untersuchungen über die Ausscheidung des Hg veröffentlicht und kamen zu dem Schlusse, dass es während und nach der Hg-Cur in discontinuirlicher Weise durch den Harn ausgeschieden werde, dass es ferner noch nach 1, 3, 7 selbst 13 Jahren im Harne nachgewiesen werden könne. Es muss also während der ganzen Zwischenzeit in unlöslichem Zustande irgendwo abgelagert gewesen sein.

Zu demselben Resultate der Unlöslichkeit, wie Vajda und Paschkis, gelangte Oberlaender, der in seiner Arbeit über die Ausscheidung des Hg durch den Harn (s. Archiv für Dermatologie und Syphilis 1880) auch die Frage über den Einfluss des Aachener Thermalwassers auf die Ausscheidung des Hg einer Besprechung und Untersuchung unterzogen hat.

Er fand ebenfalls eine lange Dauer der Ausscheidung des Hg auch nach der Cur, noch nach 190 Tagen, wo er die Untersuchungen beendigte; er bestätigte die zeitweisen Unterbrechungen der Ausscheidung des Hg durch den Harn und kommt zu dem Schlusse, dass das Hg, wenn nicht in unlöslichem, so doch in schwerlöslichem Zustande als Hg-Albuminat in den Geweben verweile; wie jedoch diese feste, schwerlösliche Verbindung zu Stande käme, sei unbekannt. „Sobald nun stärkere Einweiszersetzungen im Körper stattfinden bei fieberhaften Krankheiten, starken Anstrengungen u. s. w., war anzunehmen, dass dabei unter Umständen das irgendwo im Körper lagernde Hg-Oxydalbuminat mit in den Kreis der Desoxydation gezogen und dann ausgeschieden würde;“ dass dies durch den Genuss einiger Flaschen S-Wasser oder Salz- oder Dampfbäder geschehen solle, wäre von vornherein zweifelhaft. Es finde zwar nach Oberlaender's Untersuchungen zur Zeit des Gebrauches des S-Wassers als Getränk eine gering vermehrte Harnstoff- und Mercurausscheidung statt, aber der Fälle seien zu wenige untersucht, zudem kämen auch dabei andere Factoren in Betracht, so dass von der Aufstellung eines Principes der vermehrten Ausscheidung durch den Genuss des S-Wassers keine Rede sein könne. Er kommt zu dem Schlusse, dass man zuerst über die spontanen Ausscheidungen vollkommen klar sein müsse, ehe man dazu schreitet, nach Mitteln zu suchen, welche dieselben hervorrufen sollen. Oberlaender erkennt es an, dass zur Lösung dieser Frage andere Se- und Excrete untersucht werden müssten. Da dies nun aber von ihm nicht geschehen ist, so haben die übrigens so fleissigen und mit so bewundernswerther Ausdauer vorgenommenen Untersuchungen Oberlaender's über die Ausscheidung des Hg durch den Harn mit Bezug auf die Frage, ob der Genuss des S-Wassers die

Ausscheidung des Hg beeinflusse, so lange keinen Werth, als nicht nachgewiesen ist, dass das Hg hauptsächlich oder ausschliesslich durch den Harn ausgeschieden wird.

Die Schlüsse, welche die verschiedenen Forscher aus der Untersuchung des Harns über die Ausscheidung des Hg gezogen haben, sind insofern werthvoll, als sie darthun, dass das Hg durch den Harn in discontinuirlicher, unregelmässiger Weise ausgeschieden wird und zwar oft in grösseren Zwischenräumen, also in langsamer Weise, wobei die Bedingungen, welche das unlöslich deponirte Hg noch Jahre nach der Cur zur Ausscheidung brachten, nicht aufgeklärt sind. Da nämlich, wo Vajda und Paschkis noch nach Jahren das Hg im Harne fanden, geschah dies bald nach der Aufnahme des Kranken ins Hospital, wo eine veränderte Lebensweise unter Abnahme des Körpergewichts stattfand, ohne dass aber genannte Autoren in dem veränderten Stoffwechsel die Bedingung sehen wollen.

Es bleibt demnach die Frage, ob überhaupt die Hg-Ausscheidung gefördert werden könne, sei es durch den Genuss von S-Wasser, oder sonstwie, trotz der erwähnten Untersuchungen eine offene.

Ich habe nun auch im vergangenen Jahre Untersuchungen über die Ausscheidung des Hg vornehmen lassen; dieselben sind nebst den Gründen, die mich dazu bewogen haben, in dem Archiv für Dermatologie und Syphilis I. Heft, 1882 veröffentlicht.

Bei der grossen Geübtheit, die das von den erwähnten Untersuchern angewandte Ludwig'sche Verfahren zur Untersuchung auf Hg neben genauer Kenntniss der chemisehen Analyse voraussetzt, habe ich es vorgezogen, die Untersuchungen durch einen sein Fach beherrschenden Chemiker ausführen zu lassen. Ich fand einen solchen in der Person des Herrn Dr. Schridde, früher langjährigen ersten Assistenten am Bunsen'schen Laboratorium.

Das Ludwig'sche Verfahren besteht bekanntlich

1) in Abscheidung des Hg aus der das Hg enthaltenden Flüssigkeit durch ein sehr fein vertheiltes Metall, mit dem das Hg ein Amalgam eingeht, wie z. B. Zink oder Kupfer.
2) Austreiben des Hg aus dem amalgamhaltigen Metallpulver durch Erhitzen derselben in einem Luftstrom, endlich
3) Ueberführung des in entsprechender Weise condensirten Hg-Dampfes in das charakteristische leicht erkennbare Hg-Jodid.

Von den früher erwähnten Untersuchern wurde der im Handel vorkommende käufliche Zinkstaub benutzt. Da derselbe aber Metallbeimengungen enthält, besonders Arsen, Antimon, und da Jodarsen genau dieselbe Färbung annehmen kann, wie das Hg-Jodid, so wurde zur Ausschliessung möglicher Fehlerquellen resp. Verwechselungen von Herrn Dr. Schridde die Lametta, das sind vermessingte Kupferfäden, zur Amalgamirung benutzt und nach dem von Fürbringer und ihm modificirten Ludwig'schen Verfahren gearbeitet, wie dies von Fürbringer 1880, von Schridde in Folge der von mir gewünschten Analysen 1881 in der Berliner Klinischen Wochenschrift beschrieben ist.

So durften die Schridde'schen Analysen als einwurfsfrei angesehen werden.

Das Resultat war nun folgendes:

1) Durch den Harn wird das Hg in unregelmässiger Weise abgeschieden.
2) Das Hg wurde wiederholt während und nach der Hg-Cur da, wo man es im Harne durchaus hätte erwarten müssen, daselbst nicht gefunden.
3) Die Ausscheidung des Hg durch den Harn ist demnach eine anomale.
4) Die Ausscheidung des Hg geht in continuirlicher Weise bei und nach Hg-Curen, und zwar schon bald nach der Einverleibung, durch die Faeces vor sich.
5) Die Ausscheidung des Hg durch die Faeces ist demnach eine normale.

Es war sehr auffällig, ehe ich die Untersuchung der Faeces vornehmen liess, dass negative Befunde der Harnuntersuchung öfter da auftraten, wo viele, 40 und 60 grosse Inunctionen aus Ungt. hydrarg. ciner. nebst Hg-Injectionen neben dem Gebrauche des S-Wassers auftraten. Man konnte hieraus auf die Vermuthung kommen, dass, im Falle überhaupt das S-Wasser Einfluss auf die Ausscheidung des Hg hätte, es solche durch den Harn eher vermindere. In Folge der wiederholten gegen Erwarten aufgetretenen negativen Befunde war eher anzunehmen, dass das Hg auf anderm Wege ausgeschieden würde. Es wurden deshalb die Faeces auf Hg untersucht, weil hier das Hg mit Rücksicht auf die Thatsache, dass Metalle und so auch Quecksilber in der Leber gerne aufgehalten werden, resp. durch die Galle in den Darm abgeschieden werden könnten, am ehesten von mir vermuthet wurde. Diese Vermuthung wurde in allen den gemachten Faecesanalysen bestätigt. Sind deren auch nicht viele, nur 8 vorgenommen, so fand sich doch jedesmal das erwartete positive Resultat und zwar zu verschiedenen Zeiten während und auch noch nach der Hg-Cur. Schon vom dritten Tage der durch Einreibungen erfolgten Einverleibung des Hg ab fand sich das Hg in reichlicher Menge nachweisbar, selbst bei kleinen Stuhlentleerungen. Der Beschlag des Röhrchens mit dem rothen Hg-Jodid war viel intensiver und reichlicher, als der beim Nachweise aus dem Harn gewonnene. Zwölf Monate nach der Hg-Cur fand sich kein Hg weder im Harne noch im Stuhle.

Hieraus durfte der Schluss der continuirlichen Ausscheidung des Hg's durch die Faeces gezogen werden.

Durch die continuirliche, schon bald nach der Einverleibung erfolgende Ausscheidung des Hg durch die Faeces ist aber bewiesen, dass der grössere Theil des in den Organismus gebrachten Hg ausgeschieden wird wie alles andere, also auf normale Weise; demgemäss muss sich das Meiste des in den Organismus gebrachten Hg in gelöstem Zustande befinden. Hiermit ist die eine günstige Bedingung zur Bildung von SHg, im Falle S-Alkali in die Säfte übergeht, wo sich das Hg gelöst befindet, gegeben.

Wie verhält sich aber die zweite Voraussetzung, dass das im Magen durch die Säure aus dem getrunkenen SNa hervorgegangene SH in die Circulation aufgenommen werde?

Dass das SNa im Magen zu SH zersetzt wird, ist klar. Man hat nun wohl scherzweise behauptet, das SH gehe wieder als Gas durch Ructus in die Luft. Was aber beim Trinken des S-Wassers als Ructus weggeht, das ist Kohlensäure, hervorgerufen durch Neutralisation eines wesentlichen Bestandtheiles des Thermalwassers, des kohlensauren Natrons durch die Säure des Magens, wobei kleine Mengen SH immerhin mit weggehen können.

Bei dem hohen Diffusionsvermögen des specifisch leichten SH-Gases ist die Annahme, dass Theile desselben durch die Gefässwandungen des Magendarmcanals gehen, wohl unabweisbar. Da, wo Flüssigkeiten diffundiren, ist für Gase auch kein Hinderniss, am wenigsten für ein so leicht diffundirbares Gas, wie das SH-Gas. Das Experiment bestätigt diese Ansicht. „Nach Planer — ich entnehme diese Angaben dem Lehrbuch der physiologischen Chemie von v. Gorup-Besanez — Seite 539 ist die Diffusion zwischen Blut- und Darmgasen eine sehr rasche, namentlich tritt Schwefelwasserstoff ausserordentlich schnell ins Blut über. Planer wies im Blute den diffundirten SH nach, konnte aber selben in der exspirirten Luft nicht constatiren, während nach W. Kühne auch in dieser sich der Schwefelwasserstoff durch Schwärzung von Bleipapier leicht constatiren lässt.

Nach Hoppe-Seyler (Lehrbuch der physiol. Chemie S. 391) wirkt Schwefelwasserstoff auf das Hämoglobin des venösen Blutes gar nicht ein, es kann durch einen Strom Wasserstoff oder CO_2 unverändert wieder ausgetrieben werden.“ Er hebt (S. 386) hervor, dass während SH-Alkaliverbindungen auf das Oxyhämoglobin nur reducirend wirken, werde der freie SH mit reiner Oxyhämoglobinlösung in der Weise zerlegt, dass eine dem Methämoglobin sehr ähnliche Verbindung entsteht, welche nachweisbar Schwefel in sich aufgenommen hat. Hoppe-Seyler bezeichnet diese Verbindung vorläufig als Schwefelmethämoglobin, deren Zusammensetzung noch unbekannt ist.

Da nun der Schwefelwasserstoff von den Capillaren des Magendarmcanals zunächst durch die Pfortader der Leber und dann erst dem arteriellen Blute zugeführt wird, so ist seine directe Einwirkung auf die gelöst circulirende Quecksilberverbindung wenigstens auf diesem Wege bis zum arteriellen Blute unabweisbar, und es drängt sich die Ansicht auf, dass in der Leber, wo das Metall gerne aufgehalten wird, diese Verbindung vor sich gehe und nun durch Anregung der Gallenabsonderung in den Darm zur Ausscheidung gelangen könnte.

In seinem Vortrage „Ueber eine Eigenthümlichkeit natürlicher Quellen“ (s. erste Veröffentlichung der balneol. Section **1879**), wo er den Gehalt der Schwefelwässer an Kohlenoxysulfid bespricht, hebt Herr Prof. O. Liebreich hervor, dass Thiere, welche SH einathmen, zwar an O-Entziehung zu Grunde gehen, es zeige sich aber weder durch SH-Einathmung, noch durch Einführung von SH-Wasser eine Elementareinwirkung auf das Blut. Im Spectrum lässt sich keine Aenderung der Absorptionsstreifen constatiren. Leitet man dagegen SH direct ins Blut, so zeigt sich im Spectrum der Schwefelstreifen.

Werden Substanzen eingegeben, welche innerhalb des Organismus SH abspalten, so tritt dieselbe starke Wirkung ein, welche durch Einleiten von SH in Blut ausserhalb des Körpers erreicht wird. Liebreich betont wiederholt, dass der Schwerpunkt der Arzneiwirkung darin zu suchen ist, dass sich bestimmte Atomgruppen im Organismus abspalten und auf diese Weise ihre Wirkung entfalten. Demnach hat die Aufnahme des Kohlenoxysulfids für den Organismus eine andere Bedeutung als die von SH und CO_2, in die das Kohlenoxysulfid zerfällt. „In dem Status nascendi ist die Einwirkung der Atome und Atomgruppen eine andere.“ Indem sich nun im Organismus aus dem aufgenommenen Kohlenoxysulfid SH abspaltet, muss wenigstens auf dem Wege von den Magencapillaren bis da, wo das Blut arteriell wird, erst recht eine Einwirkung auf die hier vorhandenen gelösten Hg-Verbindungen einwirken, und so wohl zur Bildung von Schwefelquecksilber führen.

Durch die gemachten Fäcaluntersuchungen ist nicht nachgewiesen, in welcher Verbindung, ob gar als Schwefelquecksilber das Quecksilber zur Ausscheidung kam. Es kann dies eben nicht nachgewiesen werden.

Auch ist die nachgewiesene Menge gar oft zu klein, um zur quantitativen Analyse benutzt zu werden. Die erhaltene Menge mag vielleicht mit der des aus 1 Mgrm. Sublimat enthaltenen Quecksilberjodids verglichen, etwa $^1/_2$ bis $^1/_4$ Mgrm. betragen. Sie können dies an einigen Gläschen erkennen, in denen das Quecksilberjodid als Niederschlag schon zu erkennen ist und die ich Ihnen hier nebst einem Gläschen herumreiche, in dem die Jodidverbindung aus einer künstlich bereiteten Lösung von $^1/_3$ Mgrm. Sublimat erhalten wurde. Da aber bei den Untersuchungen auch der Nachweis geliefert wurde — und ich verfehle nicht, dies hier besonders hervorzuheben — dass die Ausscheidung des Quecksilbers auch ohne S-Wassergebrauch durch die Faeces vor sich geht, so wäre eine quantitative Bestimmung des erhaltenen Quecksilberjodids erforderlich, um den etwaigen Unterschied in der Ausscheidungsmenge festzustellen, welche unter dem Einflusse des S-Wassers resp. ohne dasselbe erhalten wäre. Der Erfüllung dieser Anforderung aber stellen sich unüberwindbare Schwierigkeiten entgegen.

Ich glaube es wahrscheinlich gemacht zu haben, dass das Trinken der S-Wässer einen Antheil an der Ausscheidung des Quecksilbers hat. Es wurde nachgewiesen, dass der grösste Theil des Quecksilbers in gelöster Verbindung im Organismus circulirt und normal ausgeschieden wird; ferner wurde dargethan, dass der aus dem S-Alkali im Magen sich bildende Schwefelwasserstoff zunächst in den Pfortaderkreislauf resp. in die Venen gelangt, wo er nicht auf das bereits oxydfreie Hämoglobin reducirend wirken kann, sondern frei besteht. Es muss also mindestens in der Leber, resp. auf dem Wege, wo er noch frei im Organismus circulirt, die Verbindung zu Schwefelquecksilber bei Vorhandensein von gelösten Quecksilberverbindungen eingehen. Bei der grossen Fähigkeit der Leber, Metalle und so auch Quecksilber aufzuhalten, ist es wahrscheinlich, dass der SH das Hg hier trifft, und hiermit erhält die Eingangs erwähnte Anschauung von der Einwirkung der S-Wässer auf die Ausscheidung des eingeführten Quecksilbers eine sichere Stütze.

Vorsitzender: M. H., ich glaube, dass wir Herrn Collegen Schuster zu recht lebhaftem Dank verpflichtet sind für seinen vortrefflichen und vieles Neue bietenden Vortrag, möchte Ihnen aber vorschlagen, bei der sehr vorgerückten Zeit nicht in eine Discussion einzutreten. Hoffentlich wird dieser Gegenstand, zu dem Herr Schuster uns eine so interessante Anregung gegeben hat, uns später einmal wieder beschäftigen.

Herr Nötzel (Colberg): Zunächt, m. H., habe ich mit Erlaubniss unseres verehrten Präsidiums die Aufgabe, da ich leider nicht annehmen kann, dass Jeder von Ihnen Kenntniss von der Ihnen gestern überreichten Petition der Colberger städtischen Behörde und von dem Bescheide des Ministers darauf genommen, in wenigen Worten zu sagen, um was es sich darin handelt, damit sie nicht gebeten werden, eine Petition zu unterstützen, die Sie nicht kennen.

Im Jahre 1871 sind 2 Fremde nach Colberg gekommen und haben da eine kleine Parzelle von der Besitzerin einer alten Soolquelle auf 3 Jahre gepachtet. Dann haben sie in jener Zeit auf der gepachteten Parzelle eine neue Soolquelle erbohrt. Sie wollten Steinsalz erbohren; es gelang ihnen dies aber nicht. Nach Erreichung von etwa 150 m. Tiefe haben sie, als der Wiener Krach hereinbrach, dieses Unternehmen aufgegeben, und seitdem fliesst diese von ihnen neuerbohrte Quelle unbenutzt fort. Aber auf Grund der ersten von ihnen nicht erbohrten, sondern schon längst vorher bestandenen Quelle haben sie eine sogenannte Muthung auf ein Feld von etwa $2^1/_2$ Millionen □m. eingelegt, das fast ganz Colberg umfasst, und haben diese Muthung, freilich die altbekannten, meist zu Badezwecken schon benutzten Quellen ausgenommen, im Jahre 1875 auch zugebilligt erhalten. Das ist das einzige, was diese Herren zur Nutzbarmachung dieser neuen und jener alten Quelle und des von ihnen angemeldeten sogenannten Bergwerkes „Joachim Nettelbeck“ gethan haben. Sie haben längst keine Miethe für jene Parzelle mehr bezahlt, sie haben nichts weiter gethan, als sich jetzt zu melden, um ihr noch dazu missbräuchlich mit jenem, jedem Colberger besonders theueren Namen benanntes sog. Bergwerk „in Betrieb zu setzen", wie sie das nennen. Im Jahre 1881 als eine neue Quelle von einem Privatmann in ihrem Muthungsfeld entbohrt worden ist, haben sie den auch erst eine Badeanstalt bauen lassen, und nachdem dieselbe eröffnet war, kamen jene beiden Herren und sagten: Wir haben das Muthungsrecht erworben in aller Form des Gesetzes, jetzt zahlt uns! und sie sind vorläufig dahin mit dem Besitzer der neuen Badeanstalt einig geworden, da nichts dagegen zu machen war, dass derselbe ihnen jährlich 500 Mark, in Zukunft nach zehn Jahren 1000 Mark jährlich zu zahlen hat. Inzwischen haben jene Herren es auch geschehen lassen, dass das neubegründete christliche Kurhospital eine neue Quelle erbohrt hat und das jüdische Kurhospital seine alte, von dem Muthungsrechte ausgenommene Quelle, etwas vertieft hat. Auch an diese beiden Wohlthätigkeitsanstalten machen sie auf Grund ihres Muthungsrechtes Zahlungsansprüche, über die noch keine Einigung erzielt worden. Dieses Sachverhältniss hat den Colberger Stadtbehörden, denen ich wenigstens als Stadtverordneter angehöre, Veranlassung gegeben, sich mit einer Petition an das Ministerium der öffentlichen Arbeiten zu wenden, der Minister wolle „eine Abänderung des Berggesetzes dahin herbeiführen, dass die Soolquellen demselben nicht ferner unterworfen sind, und dass das auf Soolquellen ertheilte Bergwerkseigenthum ohne Entschädigung aufgehoben und eine Entschädigung nur für die Quellen gewährt wird, die der Bergwerkseigenthümer selbst aufgedeckt hat — oder wenigstens dahin: — dass nur solche Soolquellen dem Berggesetze unterfallen, welche siedewürdige, mindestens 20 Proc. Kochsalz enthaltende Soole liefern und nicht zu Heilzwecken verwendet werden; dass alle Soolquellen aber, welche nur zu Bad- und Heilzwecken gebraucht werden, der freien Verfügung des Grundstückseigenthümers unterstehen."

Auf diesen Antrag, welcher an das Ministerium abgesandt wurde, ist ein abschlägiger Bescheid erfolgt, in welchem unter Anführung von Gründen im wesentlichen nur gesagt wird, dass dem nicht zu entsprechen wäre. Inzwischen ging diese Petition in gleichem Wortlaut auch an das Haus der Abgeordneten mit der Bitte „das hohe Haus wolle unsere Anträge in Erwägung ziehen, sich denselben anschliessen und die königliche Staatsregierung zu ersuchen: dem Landtage der Monarchie eine Gesetzesvorlage zur Abänderung des Allgemeinen Berggesetzes für die preussischen Staaten vom 24. Juni 1865 im Sinne unserer Anträge schleunigst zugehen zu lassen. Aber auch damit haben sich die Colberger Stadtbehörden nicht beruhigt, sondern sie haben noch einmal gegen den abschlägigen Bescheid des Ministers Einspruch erhoben und zwar heisst es an einer Stellen dieses Schriftstückes wörtlich: „Grundmann und Frank (so heissen jene „Bergwerkseigenthümer") haben auf die Wink'sche Soolquelle hier nicht gemuthet, um Salz zu sieden, auch nicht um ein Soolbad anzulegen, sondern um der Frau Wink und andern Eigenthümern eine Abgabe aufzulegen, falls dieselben die Soole zu Bädern verwenden, ein Bad anlegen sollten. Die Absicht war unmoralisch; unmoralisch ist der Zustand, der die Folge der Bergwerksverleihung gewesen ist, und unmoralisch ist unserer Meinung nach das Gesetz, welches dergleichen ermöglicht."

Ich glaube, ich brauche dem nichts weiter hinzuzusetzen. Ich hoffe, Sie werden die Sache nicht als eine lokale ansehen, sonst würde ich es garnicht gewagt haben, Ihre Zeit dafür in Anspruch zu nehmen. Ich habe geglaubt, von hier aus am wirksamsten auf etwaige Gefahren für andere Soolbäder aufmerksam machen zu können. Dasselbe wie in Colberg kann möglicher Weise in irgend einem anderen Soolbade in Zukunft auch passiren, und vielleicht gerade deswegen, weil hier ein solcher Präcedenzfall vorliegt, und ich hoffe, Sie werden meinem Antrage stattgeben, der dahin geht, unser Präsidium zu ersuchen, die Zustimmung des balneologischen Congresses zu der Petition in geeigneter Form dem hohen Hause der Abgeordneten zu übermitteln. Unser Herr Präsident, selbst bekanntlich ja Mitglied des hohen Hauses, wird die geeignetste Persönlichkeit sein, diese Uebermittelung auch in der geeignetsten Form auszuführen.

Vorsitzender: M. H., es handelt sich ja allerdings um eine Lebensfrage für die Badeorte. Ich bin im Beginn der jetzigen Session des Abgeordnetenhauses selbst mit dem Plane umgegangen, einen bezüglichen Antrag einzubringen. Ich habe mich vorher aber informirt, welche Folgen etwa ein solcher Antrag haben könnte, wie er bei den entscheidenden Behörden aufgenommen werden würde, und da kann ich nun leider sagen, dass absolut keine Geneigtheit ist, irgend welche Veränderung in dem Berggesetz vornehmen zu lassen. Ich habe aus dem Grunde auch davon abgesehen, die Sache weiter zu verfolgen, bin aber allerdings der Meinung, dass wir Badeärzte sie nicht dürfen ruhen lassen, und wenn aus der Versammlung nicht anderweitige Meinungen sich geltend machen, dann wäre ich für eine kurze Petition an das Abgeordnetenhaus etwa des Inhalts: Die versammelten Mitglieder der balneologischen Section beauftragen ihr Präsidium, das Abgeordnetenhaus zu bitten, den Colberger Fall näher zu prüfen und die Sache der Regierung zur Berücksichtigung zu empfehlen. Directen Erfolg dürfen wir uns, wie gesagt, einstweilen nicht versprechen.

Der Vorschlag des Vorsitzenden wird angenommen.

Während des Druckes dieser Verhandlungen ist durch Vermittelung des Ministeriums der öffentlichen Arbeiten das sogenannte Bergwerk „Joachim Nettelbeck" mit allen Rechten, freilich mit dem Opfer von 30,000 Mark, von der Stadt Colberg gekauft worden. Vielleicht hat die öffentliche Erwähnung dieser Angelegenheit in den Berichten der politischen und medicinischen Zeitungen über die balneologische Versammlung mit dazu beigetragen, auf die Bergwerksgenossenschaft den erforderlichen Druck auszuüben. D. R.

Herr **Nötzel** (Colberg):

Ueber die wünschenswerthe Stärke der Soolbäder.

Redner hebt hervor, dass noch immer nicht nur im Laienpublikum, sondern auch unter den Aerzten eine irrige Ansicht über die „Stärke" der Bäder verbreitet sei. Noch immer gilt z. B. Kreuznach wegen seines Jod- und Bromgehalts als das stärkste Soolbad, obgleich der kürzlich verstorbene Kreuznacher Arzt Dr. Wimmer den Jod- und Bromgehalt wegen seiner Geringfügigkeit für ganz irrelevant hielt. Der Vortragende betont, dass nicht, wie noch in der neuesten Balneotherapie angegeben, ein 2—3procentiges, sondern ein 5—6procentiges Soolbad als ein mittelstarkes anzusehen sei und bekräftigt diese Anschauung durch seine eigenen Erfahrungen und durch diejenigen vieler anderer Collegen in Soolbädern.

(Der Vortrag ist anderweitig veröffentlicht.)

Herr Schott: M. H., wenn wir in Nauheim 3—3½ procentige Soolbäder und noch 1 Proc. Mutterlauge anwenden, welche letztere meiner Meinung nach viel stärker wirkt und ausserdem noch die Wirkung von 7 Volumprocente freier Kohlensäure haben — die gebundene Kohlensäure gebe ich gerne daran — so ist das meiner Meinung nach ein viel stärkeres Bad, als ein gewöhnliches 5procentiges Soolbad. Ich habe mich aber zum Wort gemeldet und deshalb den Vortrag des Herrn Collegen Nötzel mit Freude begrüsst, weil er mir Gelegenheit giebt, einen Lieblingswunsch hier zum Ausdruck zu bringen, den ich sowohl schon vor mehreren Jahren, als auch in den letzten Tagen mit unserem verehrten Herrn Vorsitzenden besprochen habe. Derselbe betrifft Folgendes: Wenn unsere ganze balneologische Section zukünftig weitgehenden Nutzen bringen soll, so glaube ich, ist es unbedingt nöthig, dass wir uns gegenseitig in Verbindung setzen und nach verschiedenen Richtungen, wie es z. B. heut gerade durch den Vortrag des Herrn Kisch hier geschehen ist, uns klar machen über die Bademethoden, die in einzelnen Badeorten und bei den verschiedenen Krankheiten angewendet werden. Erst wenn wir durch ein einheitliches Zusammengehen eine wirkliche Balneomethodik uns geschaffen haben, gelangen wir dahin, dass die Balneotherapie eine wirklich fruchtbringende Wissenschaft wird. Mein Bruder und ich haben einmal auf einem Gebiet eine kleine Consequenz zu bringen versucht, wir haben wegen einer einzelnen Krankheit, des Gelenksrheumatismus, verschiedene Fragen an die Collegen gerichtet, die meisten Antworten waren aber entweder so unvollständig oder geradezu negativ, dass wir dieselben nicht recht verwerthen konnten und ich habe die Ueberzeugung gewonnen, dass, wenn wir überhaupt etwas praktisches schaffen wollen, so müssten wir die Sache gemeinschaftlich in Angriff nehmen, wir müssen uns gegenseitig in Beziehungen setzen. Und dazu ist gerade die balneologische Gesellschaft angethan. Ich habe mir daher erlaubt, der verehrten Gesellschaft einen Antrag zu unterbreiten und möchte Sie bitten, denselben anzunehmen und zugleich darüber Ihre diesbezüglichen Meinungen zu äussern.

Herr v. Liebig: Herr Nötzel hat gesagt, ich hätte ihm mitgetheilt, dass in Reichenhall die Soolbäder nicht stärker als 3 Proc. gemacht werden, weil die Soole zu theuer sei. Ich habe mich da entweder falsch ausgedrückt oder er hat mich nicht ganz verstanden. Die Reichenhaller Badewannen sind von verschiedener Grösse, von 220—650 L. Inhalt. Ich pflege den Soolezusatz nach dem Procentgehalt auszurechnen, — 1 L. Soole = $^1/_2$ Pfd. Salz; 1 L. Wasser = 2 Pfd. — und nicht höher als 3 Proc. zu gehen. Das macht nun allerdings bei einer grossen Wanne von 600 L. eine recht grosse Menge Soole aus, was häufig den Patienten unangenehm ist, aber mich niemals abgehalten hat, ein Bad zu verordnen, wie ich es für gut gehalten habe. Ich muss aber gestehen, dass ich, indem ich das Stadium der Ueberreizung als Maassstab nehme, mit den 3 Proc. vollkommen ausreiche, um eine gute, nachhaltige Wirkung auszuüben. Wir haben ja aber auch noch einen andern ganz ausgezeichneten Maassstab, wenn wir uns die Mühe nehmen wollen, die Pulscurve zu bestimmen. Der Puls wird ja bekanntlich im Bade langsamer, weniger im Wasserbad, als im Soolbad. Wenn Jemand sich 20 Minuten im Bade befindet, ist das Maximum der Verlangsamung erreicht. Wenn man aber von der Stärke eines Soolbades spricht, muss man nicht nur die Zahl der Procente, sondern auch Dauer und Temperatur des Bades angeben.

Herr Noetzel: Ganz gewiss halte ich Temperatur und Dauer des Bades von wesentlicher Bedeutung. Ich verordne nur Soolbäder von 26—27° und von 10—30 Minuten Dauer, lasse meistens die kalte Douche folgen und empfehle nach dem Bade eine Ruhe von einer Stunde.

Vorsitzender: Herr Schott hat den Antrag gestellt:

> Die balneologische Section wolle den Vorstand ersuchen, die nöthigen Schritte zu thun, um zu einem gedeihlichen Fortschreiten in der Balneomethodik zu gelangen.

Ich glaube in der That, dass hier eine ganz unendlich wichtige Frage angeregt ist, und bin gerne bereit, im Verein mit meinen verehrten Collegen im Vorstande mich der Sache anzunehmen. Wir werden uns überlegen, auf welche Weise dies am Besten zum Austrag zu bringen ist, und behalten uns vor, in der nächstjährigen Versammlung unsere Anträge zu stellen resp. unsere Resultate mitzutheilen. M. H., wir sind damit am Ende unserer Tagesordnung angelangt, denn College Goldschmidt war hier, um seinen wahrscheinlich recht interessanten Vortrag zu halten, konnte aber nicht so lange warten. Mittlerweile ist aber die Zeit so vorgeschritten, dass ich glaube, wir haben alle die stille Sehnsucht nach Schluss. Erlauben Sie mir nur noch einige kurze Mittheilungen zu machen. Ich erinnere Sie daran, dass im verflossenen Sommer in Frankfurt a. M. eine balneologische Ausstellung veranstaltet gewesen ist, welche Diplome und ehrenvolle Erwähnungen und alles mögliche ausgetheilt hat, allein eigentlich war es doch nichts anderes, als eine recht hübsch arrangirte Flaschen- und Kapselnausstellung. Sehr viel geeignetes Material zur Ausstellung können ja überhaupt die Bäder nicht liefern, aber an diese Ausstellung hat sich ein Bädertag gereiht, welcher doch wohl unserer Beachtung werth ist. Es waren da zwar hauptsächlich die Vertreter der Kurverwaltungen vereinigt, auch die Mineralwasserhändler, allein es sind doch sehr viele Dinge zur Sprache gekommen, die die ärztlichen Interessen sehr nahe tangiren. Es kam nicht zu irgend welchen positiven Beschlüssen, die ganze Sache war nicht allzu sorgfältig vorbereitet; allein ich, der ich die Verwaltung von Soden zu vertreten hatte, habe doch den Eindruck mitgenommen, dass wir dieses Unternehmen nicht aus dem Auge lassen dürfen. Es ist beschlossen worden, einen allgemeinen deutschen Bädertag im nächsten September in Wiesbaden abzuhalten, und ich möchte den Herren Collegen empfehlen, sich dort zahlreich, mit einem Mandate der Kurverwaltung versehen, einzufinden. Ferner erlaube ich mir mit zwei Worten auf eine etwas persönliche Angelegenheit einzugehen. Es ist Ihnen wohl allen bekannt, dass Rudolf Mosse einen Bäderalmanach herausgiebt, und ich habe — allerdings erst nach einigem Zaudern — mich bereit finden lassen, die Redaction dieses Almanachs zu übernehmen. Ich habe dabei aber die nicht sehr merkwürdige, weil gewöhnliche Erfahrung gemacht, dass es unendlich schwer ist, die Gedanken, die einem solchen Unternehmen zu Grunde liegen, wirklich zu klarer Perception zu bringen. Es sind mir die allerwunderbarsten Dinge begegnet. Ich möchte mir erlauben kurz darauf hinzudeuten, dass die Motive dieses Almanachs einfach aus der Erwägung hervorgegangen sind, dass die meisten Prospecte und Annoncen, welche die Bäder verschicken, einfach in den Papierkorb der Herren Collegen wandern. Wie ist nun das zu verhüten? Wie ist es anzufangen, dass die Prospecte auch gelesen werden? Da ist nun Mosse auf den Gedanken gekommen, alles dieses zusammenzufassen und den Aerzten unentgeltlich in einem hübsch gebundenen Almanach in die Hand zu legen. Was meine Thätigkeit dabei anlangt, so erstreckt sich dieselbe lediglich darauf, dieser Sammlung von einzelnen Prospecten eine gewisse wissenschaftliehe Grundlage zu geben. Dann ist das Unternehmen dahin gerichtet, dass nach Möglichkeit dafür gesorgt werde, die Prospecte so zu gestalten, dass sie nicht das enthalten, was in den Handbüchern steht, sondern sich wesentlich mit den wichtigen ökonomischen Fragen befassen, die der praktische Arzt, der ein Bad verordnet, seinem Kranken doch auch gerne mittheilt, also die Reiseverbindung, die Aufenthaltspreise, die allgemeinen socialen Verhältnisse des Kurorts u. dergl. mehr. Die Sache ist wahrlich einfach genung concipirt, aber ich kann nur wiederholen, wir haben die wunderlichsten Missdeutungen, ja geradezu Anfeindungen erfahren. Nun das lässt sich wohl leicht ertragen; es wird sich zeigen, ob dieser Gedanke überhaupt lebensfähig ist, ob das ganze Unternehmen bestehen kann. Ich wende mich nur an Sie, meine verehrten Herren Collegen, und bitte um Ihre Unterstützung, dass Sie nach Möglichkeit selbst die Prospectabfassung controlliren wollen, damit da nicht Unsinn hinein kommt. Der Bäderalmanach, welcher in 14 Tagen erscheinen wird, enthält ganz ungeheuerliche Dinge, aber es war in der kurzen Zeit, in dem Trubel, der schliesslich aus der ganzen Sache erwuchs, nicht möglich, alle Einzelheiten durchzusehen, sodass ich mich Eingangs einfach dagegen verwahrt habe, für den Inhalt der Prospecte verantwortlich zu sein. Wie gesagt, meiner Meinung nach handelt es sich um eine Idee, die verwerthbar ist. Ob sie richtig ist, das muss die Praxis ergeben.

Herr Nötzel: Ich möchte den Vorstand bitten, dahin zu wirken, dass der allgemeine Bädertag in Verbindung mit der Naturforscher-Versammlung tage.

Vorsitzender: Ich kann in dieser Beziehung leider nichts versprechen. Wenn ich Gelegenheit habe, werde ich die Sache sehr gern zur Sprache bringen. Damit, m. H., lassen Sie mich unsere diesjährige 4. öffentliche Versammlung schliessen. Ich danke Ihnen für die angestrengte Aufmerksamkeit, die Sie unsern Verhandlungen geschenkt haben. Wenn unser Schifflein diesmal hier und dort durch etwas erregte Wasser hat segeln müssen, so kam dies meines Erachtens wohl hauptsächlich daher, dass die Flagge, unter der einzelne Vorträge segelten, nicht immer ganz die Waare deckte. Ich glaube aber doch, dass wir Alle mit dem Gefühl auseinandergehen, wieder manche Anregung, manche Belehrung nach Hause zu nehmen, und dass das Bestehen unserer Gesellschaft auch für die Zukunft gesichert ist. Ich bitte Sie, m. H., im nächsten Jahre wieder recht zahlreich zu erscheinen und in ihren Kreisen so viel als möglich immer mehr die Theilnahme an unseren Bestrebungen, die ja der Wissenschaft vor allen Dingen gelten, zu erwecken. Damit sage ich Ihnen Lebewohl. (Bravo!)

Herr v. Liebig: M. H., ich bitte Sie nicht fortzugehen, ohne dem gesammten Vorstande für seine freundlichen und immer erfolgreichen Bemühungen Dank und Anerkennung ausgedrückt zu haben. Ich ersuche Sie, dies durch Erheben von den Sitzen zu thun.

(Die Versammlung erhebt sich.)

FSC
www.fsc.org
MIX
Papier | Fördert
gute Waldnutzung
FSC® C083411

Zeitfracht Medien GmbH
Ferdinand-Jühlke-Straße 7
99095 Erfurt, Deutschland
produktsicherheit@kolibri360.de